# 高等数学线上线下混合教学配套用书

邹　翠　编著

哈爾濱工程大學出版社
Harbin Engineering University Press

## 内 容 简 介

本书以“线上线下深度融合”为核心理念,为《高等数学》学习构建全新生态,突破传统教学边界。内容选取上,覆盖《高等数学》的主要课程内容,即极限、一元函数微分学、一元函数积分学、微分方程、向量代数与空间解析几何、多元函数微分学、多元函数积分学、无穷级数等;内容设计上,包括学习目标、学习资料、预习问题、练习题等,并利用知识框架、本章自测等检验学习效果。线上资源包含精心录制的视频内容,清晰讲解、梳理概念、方法、问题。

本书可作为《高等数学》同步学习指导用书,也可为教师教学提供参考。

**图书在版编目(CIP)数据**

高等数学线上线下混合教学配套用书 / 邹翠编著.
哈尔滨 : 哈尔滨工程大学出版社, 2025. 6. -- ISBN
978-7-5661-4735-6

Ⅰ. O13

中国国家版本馆 CIP 数据核字第 2025NB3414 号

**高等数学线上线下混合教学配套用书**

GAODENG SHUXUE XIANSHANG XIANXIA HUNHE JIAOXUE PEITAO YONGSHU

**选题策划** 赵金春
**责任编辑** 张 昕
**封面设计** 李海波

**出版发行** 哈尔滨工程大学出版社
**社　　址** 哈尔滨市南岗区南通大街 145 号
**邮政编码** 150001
**电　　话** 0451-82519989
**经　　销** 新华书店
**印　　刷** 哈尔滨午阳印刷有限公司
**开　　本** 787 mm×1 092 mm　1/16
**印　　张** 14. 25
**字　　数** 315 千字
**版　　次** 2025 年 6 月第 1 版
**印　　次** 2025 年 6 月第 1 次印刷
**书　　号** ISBN 978-7-5661-4735-6
**定　　价** 64. 00 元

http://www. hrbeupress. com
E-mail:heupress@ hrbeu. edu. cn

# 编审人员


主　　编　邹　翠

副主编　肖为胜

参　　编　谌红美　熊昀暄　王　剑　谢焕钢

　　　　　王丽娟　谢婉秋　丛培根　易　璇

主　　审　韩仙华　胡传辉　胡有才　赵　坤

　　　　　赵　强　陈松海　荣吉祥

# 前　言

随着现代化教育技术手段的创新发展,学习方式也发生了巨大改变,在高等教育对人才培养提出更高要求的大环境下,为更好辅助学员学好"高等数学"课程,我们根据多年教学经验,结合学员学习习惯和特点,编撰了本书。本书结合线上和线下教学优势,提供更全面、更有针对性的高等数学学习资源,旨在为学习高等数学的基本概念、基本理论、基本方法打牢基础,同时强调学习的思想和方法,从而提高学习效果。

本书主要适用于高等教育院校大一学生,配套同济大学《高等数学》使用。本书内容主要包含四部分:第一部分为学习指导,明确学习过程中应掌握的知识内容、思想方法及重难点,并提供在实际或军事中的相关应用;第二部分为需要掌握的基本概念、基本理论、基本方法,每节提供了问题清单,配有重难点内容讲解视频,帮助学员梳理方法,检验学习成效;第三部分为练习题,分为基础练习和能力提升两部分,帮助学员课后消化巩固和自评,部分习题配有讲解视频;第四部分为概念方法问题梳理,以问题的形式梳理每一章的主要内容,并讲解精选习题,同时配以本章练习和本章自测,用于测试检验学习效果。学员课前可以通过本书了解学习目标、主要问题和相关军事问题;课后通过本书的练习题、本章练习、本章自测等检测学习效果。

本书整体框架思路由邹翠、肖为胜负责设计;第一章由熊昀暄负责编撰;第二章、第三章由谢焕钢负责编撰;第四章由王剑负责编撰;第五章、第六章由谌红美负责编撰;第七章由邹翠负责编撰;第八章至第十二章由邹翠、熊昀暄、谌红美、王剑共同编撰。各章的总结和习题由王丽娟和谢婉秋负责完成;章节习题的视频由丛培根和易璇负责录制。

希望通过本书,能够帮助学员更好地学习《高等数学》。鉴于编撰组水平有限,不当之处在所难免,敬请批评指正。

《高等数学线上线下混合教学配套用书》编撰组

2025 年 3 月

# 目　录

# 第一章　函数与极限

## 第一节　映射与函数

### 学习目标

1. 理解映射的概念,并了解特殊的映射(单射、满射、双射、泛函和函数);理解逆映射和复合映射的概念.

2. 领悟从一般到特殊的思想,掌握函数的定义及表示法;会求函数的定义域和值域;会建立简单实际问题中的函数关系.

3. 理解并会判断函数的几何性质(单调性、奇偶性、周期性和有界性);了解研究几何性质的意义.

4. 知道高等数学的主要研究对象;理解初等函数的含义.

5. 掌握基本初等函数及其运算性质和几何性质.

6. 掌握函数的四则运算;理解复合函数及反函数的概念,并知道它们是复合映射和逆映射的特例;掌握复合函数的复合过程.

### 学习资料

**(一)教材范围**

《高等数学》 同济大学 第八版 上册 第 1~17 页

**(二)线上资源**

**资源 1**　函数的有界性

资源 1

**(三)相关实际或军事问题**

**实例 1**　手榴弹的抛射角度和抛射距离之间构成函数关系,兵力数量与战斗力之间构成函数关系.

**实例 2**　商品的价格和商品的利润之间构成函数关系.

### 预习问题

1. 高等数学的研究对象是什么？为什么研究函数？

2. 什么是映射？什么是单射、满射和双射？映射与函数的区别和联系是什么？

3. 什么是函数？函数的表示法有哪几种？什么是函数的二要素？如何判断两个函数

是同一个函数?

4. 函数的几何性质有哪些?为什么讨论这些几何性质?几种几何性质的数学定义是什么?

5. 基本初等函数有哪些?什么是初等函数?

6. 什么是函数的反函数?如何求一个函数的反函数?直接函数与反函数的图像特征是什么?

7. 两个函数构成复合函数的条件是什么?如何分析复合函数的复合过程?

## 练习题

### (一)基础练习

1. 求下列函数的定义域.

(1) $y=\arcsin(x-3)$;

(2) $y=\sqrt{3-x}+\arctan\dfrac{1}{x}$.

2. 判断下列函数的奇偶性.

(1) $y=\dfrac{a^x+a^{-x}}{2}$;

(2) $y=\ln(x+\sqrt{1+x^2})$.

3. 讨论下列函数的有界性.

(1) $y=1-\arcsin x$;

(2) $y=\dfrac{x^2}{1+x^2}$;

(3) $y=\mathrm{e}^{-x}+\sin\dfrac{1}{x}$.

4. 设 $\varphi(x)=\begin{cases}|\sin x|, & |x|<\dfrac{\pi}{3}\\ 0, & |x|\geqslant\dfrac{\pi}{3}\end{cases}$,求 $\varphi\left(\dfrac{\pi}{6}\right)$,$\varphi\left[\varphi\left(\dfrac{\pi}{6}\right)\right]$.

### (二)能力提升

1. 若函数 $f(x)$ 在 $I$ 上既有上界又有下界,即存在实数 $A$、$B$,使得

$$A\leqslant f(x)\leqslant B$$

证明:函数 $f(x)$ 在 $I$ 上有界.

2. 设函数

$$f(x)=\begin{cases}1, & |x|<1\\ 0, & |x|=1\\ -1, & |x|>1\end{cases},g(x)=\mathrm{e}^x$$

求 $f[g(x)]$,$g[f(x)]$.

## 答案

### (一)基础练习

1. (1)$[2,4]$; (2)$(-\infty,0)\cup(0,3]$.

2. (1)偶函数;(2)奇函数.

3. (1)有界;(2)有界;(3)无界.

4. $\varphi\left(\frac{\pi}{6}\right)=\frac{1}{2}$,$\varphi\left[\varphi\left(\frac{\pi}{6}\right)\right]=\sin\frac{1}{2}$.

### (二)能力提升

1. 证明:取 $M=\max\{|A|,|B|\}$,于是有 $|f(x)|\leqslant M$,故函数 $f(x)$ 在 $I$ 上有界.

2. $f[g(x)]=\begin{cases}1, & x<0\\ 0, & x=0\\ -1, & x>0\end{cases}$,$g[f(x)]=\begin{cases}e, & |x|<1\\ 1, & |x|=1\\ e^{-1}, & |x|>1\end{cases}$.

能力提升
第 2 题讲解视频

# 第二节　数列的极限

## 学习目标

1. 知道极限是研究函数的工具.

2. 了解极限产生的背景;掌握无穷数列的概念及数列的几何意义;理解数列是一类特殊的函数.

3. 掌握数列极限的描述性定义;理解数列极限的数学定义($\varepsilon-N$)及几何意义,领悟其中所蕴含的极限思想、定性分析到定量分析的数学思想.

4. 会利用数学定义证明部分数列的极限.

5. 能结合数列极限的几何意义,通过数形结合的方法,掌握收敛数列的性质,理解其对极限的计算、数列变化趋势的意义.

## 学习资料

### (一)教材范围

《高等数学》 同济大学 第八版 上册 第 18~26 页

### (二)线上资源

**资源 1**　王耀革,郭从洲,孙铭娟. 极限概念的定量化思想:从数列极限的定量化定义谈起[J]. 高等数学研究,2023,26(4):64-65,110

资源 1

资源 2

**资源 2**　数列的极限

**(三)相关实际或军事问题**

**实例 1**　我国数学家刘徽利用极限思想,通过割圆术计算圆的周长、面积和圆周率.

**实例 2**　科赫雪花由以等边三角形的三边生成的科赫曲线组成,具体生成过程如下:从一个三角形出发,把每条边三等分;然后以各边的中间部分的长度为底边,分别向外作正三角形,再把"底边"线段抹掉,这样就得到一个六角形,它共有 12 条边;再把每条边三等分,以各中间部分的长度为底边,向外作正三角形后,抹掉底边线段.反复进行这一过程即可得到类似于"雪花"的图形,称为科赫雪花.试说明科赫雪花的面积是有限的,周长是无限的.

## 预习问题

1. 什么是数列?什么是无穷数列?什么是数列的子数列?

2. 数列极限的描述性定义是什么?数列极限的表示方式是什么?数列极限的数学定义是什么?在数学定义中,如何定量刻画"无限增大"和"无限接近"?

3. 收敛数列的性质有哪些?数列收敛与数列有界之间有什么关系?如何理解收敛数列的局部保号性、保序性及子母列性质?

## 练习题

**(一)基础练习**

1. 判断下列数列的敛散性,若收敛,写出它们的极限.

(1) $y=\dfrac{1}{3^n}$;

(2) $y=\dfrac{2n-1}{n+1}$;

(3) $y=(-1)^n-1$.

2. 写出 $\lim\limits_{n\to\infty} a_n=a$ 的数学定义.

3. "若数列有界,则数列一定收敛."这种说法正确吗?若正确,请说明理由;若不正确,请举出反例.

**(二)能力提升**

1. 根据数列极限的定义证明:$\lim\limits_{n\to\infty}\dfrac{3n+1}{2n+1}=\dfrac{3}{2}$.

2. $\lim\limits_{n\to\infty}a_n=a$ 表示对 $\forall\varepsilon>0$, $\exists N>0$, 当 $n\geqslant N$ 时,数列 $\{a_n\}$ 落在 $(a-\varepsilon,a+\varepsilon)$ 内有无数个点,这一表述对吗?

3. 什么是收敛数列的保序性?并证明.

## 答案

### (一)基础练习

1. (1)收敛,0;(2)收敛,2;(3)发散.

2. $\forall \varepsilon>0$,$\exists N>0$,当 $n \geqslant N$ 时,有 $|a_n-a|<\varepsilon$.

3. 不正确,例如 $\{(-1)^n\}$.

### (二)能力提升

1. 证明:$\forall \varepsilon>0$,取 $N=\left[\dfrac{1}{4\varepsilon}\right]$,当 $n \geqslant N$ 时,有 $\left|\dfrac{3n+1}{2n+1}-\dfrac{3}{2}\right|=\dfrac{1}{2(2n+1)}<\dfrac{1}{4n}<\varepsilon$.

能力提升

第 **1** 题讲解视频

2. 不对.

3. 保序性:如果数列 $\{a_n\}$ 从某项起有 $a_n \geqslant 0$,且 $\lim\limits_{n\to\infty} a_n \geqslant 0$,那么 $a \geqslant 0$. 证明略.

# 第三节　函数的极限

## 学习目标

1. 能类比数列的极限,理解六种函数极限的定义及几何意义;

2. 理解"$\lim\limits_{x\to\infty} f(x)=a$""$\lim\limits_{x\to x_0} f(x)=a$"极限存在的充要条件;

3. 能类比收敛数列的性质,理解函数极限的性质.

## 学习资料

### (一)教材范围

《高等数学》 同济大学 第八版 上册 第 26~33 页

### (二)线上资源

资源 **1**

**资源 1**　唐海波. 数列极限与函数极限的统一[J]. 河池学院学报,2017,37(5):70-75,59

**资源 2**　局部保号性

资源 **2**

## 预习问题

1. $\lim\limits_{x\to\infty} f(x)=a$,$\lim\limits_{x\to+\infty} f(x)=a$,$\lim\limits_{x\to-\infty} f(x)=a$ 的描述性定义和数学定义分别是什么?

2. $\lim\limits_{x\to x_0} f(x)=a$,$\lim\limits_{x\to x_0^+} f(x)=a$,$\lim\limits_{x\to x_0^-} f(x)=a$ 的描述性定义和数学定义分别是什么?

3. 如何求分段函数在分段点处的极限?

4. 函数极限的性质有哪些？与收敛数列的性质有什么不同之处？

## 练习题

### (一)基础练习

1. 判断下列说法是否正确.

(1)如果函数$f(x)$在$x=a$处有定义,那么$\lim\limits_{x\to a}f(x)$一定存在;

(2)如果极限$\lim\limits_{x\to a}f(x)$存在,那么函数$f(x)$在其定义域内一定有界;

(3)如果$f(x)>g(x)$,那么$\lim\limits_{x\to x_0}f(x)>\lim\limits_{x\to x_0}g(x)$.

2. 分析极限$\lim\limits_{x\to\infty}\arctan x$是否存在.

3. 讨论函数$f(x)=\begin{cases}x+1, & x>0\\ x-1, & x<0\end{cases}$在点$x=0$处的极限是否存在.

### (二)能力提升

1. 分析极限$\lim\limits_{x\to 0}\dfrac{|x|}{x}$是否存在.

2. 利用函数极限的定义证明:$\lim\limits_{x\to 2}(2x-1)=3$.

## 答案

基础练习
第3题讲解视频

能力提升
第1题讲解视频

### (一)基础练习

1. (1)不正确;(2)不正确;(3)不正确.

2. 不存在.

3. 不存在.

### (二)能力提升

1. 不存在.

2. 证明:$\forall\varepsilon>0$,取$\delta=\dfrac{\varepsilon}{2}$,当$|x-2|<\delta$时,有$|2x-1-3|=2|x-2|<2\delta=\varepsilon$.

# 第四节　无穷小与无穷大

## 学习目标

1. 掌握无穷小的概念;知道研究无穷小的意义;能将一般极限转化为无穷小.

2. 理解无穷小的性质;能用“无穷小和有界变量的乘积仍是无穷小”的结论求极限.

3. 掌握无穷大的概念;理解无穷小与无穷大之间的关系;能区别“无穷大”和“函数无界”的概念.

## 学习资料

资源 1

### (一)教材范围

《高等数学》同济大学 第八版 上册 第 33~36 页

### (二)线上资源

**资源 1** 戎海武,王向东.关于无穷大和无穷小的几个问题[J].高等数学研究,2007(5):3-4

资源 2

**资源 2** 无穷大与无界

### (三)相关实际或军事问题

**实例 1** 数学史上的第二次数学危机——无穷小的产生.例如:一质点做直线运动,在时刻 $t$ 距离出发点的距离为 $S=t^2$,如何求质点在 $t_0$ 时刻的瞬时速度?

从 $t_0$ 到 $t_0+\Delta t$ 时间段内的平均速度为 $\bar{v}=\dfrac{\Delta S}{\Delta t}=\dfrac{(t_0+\Delta t)^2-t_0^{\,2}}{\Delta t}=2t_0+\Delta t$,当 $\Delta t$ 很小时,可用平均速度代替瞬时速度,于是当 $\Delta t=0$ 时,在 $t_0$ 时刻的 $v_{t_0}=(2t_0+\Delta t)_{\Delta t=0}=2t_0$,而 $\bar{v}=\dfrac{\Delta S}{\Delta t}$ 中 $\Delta t\neq 0$,因此当时人们将 $\Delta t$ 称为"幽灵".

## 预习问题

1. 什么是无穷小(量)?"0"是无穷小量吗?
2. 无穷小具有什么运算性质?一般极限与无穷小的关系是什么?
3. 什么是无穷大(量)?无穷大量是非常大的数吗?无穷小与无穷大之间如何转化?
4. 无穷大与函数无界的关系是什么?

## 练习题

### (一)基础练习

1. 当________时,函数 $y=\dfrac{x^2-1}{x+1}$ 为无穷小量;当________时,函数 $y=\dfrac{x^2-1}{x+1}$ 为无穷大量.

2. 判断下列说法是否正确.

(1)无穷小量是一个很小的数;

(2)无限个无穷小量的和还是无穷小;

(3)两个无穷大量的和(差)还是无穷大;

(4)无穷小量和无穷大量的积是无穷大;

(5)有界量除以无穷大量必为无穷小.

3. 计算下列极限.

(1) $\lim\limits_{n\to\infty}\left(\dfrac{1}{n^2}+\dfrac{2}{n^2}+\cdots+\dfrac{n}{n^2}\right)$;

(2) $\lim\limits_{x\to\infty}\dfrac{\sin x}{x}$.

**(二)能力提升**

1. 函数 $y=x\cos x$ 在 $R$ 内是否有界？这个函数是否为 $x\to+\infty$ 时的无穷大？

## 答案

**(一)基础练习**

1. $x\to1$;$x\to-1$.

2. (1)错;(2)错;(3)错;(4)错;(5)对.

3. (1)$\dfrac{1}{2}$;(2)0.

**(二)能力提升**

1. 无界,但不是无穷大.

能力提升

第 1 题讲解视频

# 第五节　极限运算法则

## 学习目标

1. 根据初等函数的含义,知道基本初等函数的极限、极限的四则运算和复合函数的极限是要讨论的内容;

2. 掌握极限运算的四则运算法则及使用条件;

3. 掌握复合函数的极限运算法则;

4. 理解并掌握计算函数极限的思路和方法;

5. 能利用初等变形计算函数的极限.

## 学习资料

**(一)教材范围**

《高等数学》同济大学 第八版 上册 第 37~44 页

**(二)线上资源**

**资源 1**　景慧丽. 利用四则运算法则求极限易错题分析[J]. 河南教育学院学报(自然科学版),2016,25(1):62-64

资源 1

**资源 2** 复合函数的极限运算法则

资源 2

## 预习问题

1. 函数极限的四则运算法则使用条件是什么？在极限存在的前提下，如果有限个函数相加(减)的极限等于极限的加(减)，那么无限个函数加(减)的极限能转化为无限个函数极限的加(减)吗？

2. 复合函数的极限运算法则是什么？求极限运算时，幂指函数如何变形？

3. 计算极限先判断变化趋势，当出现“$\frac{0}{0}$、$\frac{\infty}{\infty}$、$\infty-\infty$、$0\cdot\infty$、$1^{\infty}$”等类型时极限存在吗？

4. 计算函数极限的思路方法是什么？

## 练习题

### (一)基础练习

1. 判断下列说法是否正确.

(1) 如果 $\lim f(x)$ 存在，$\lim g(x)$ 不存在，那么 $\lim[f(x)\pm g(x)]$ 不存在；

(2) 如果 $\lim[f(x)g(x)]$ 存在，那么 $\lim f(x)$ 与 $\lim g(x)$ 同时存在或同时不存在；

(3) 如果 $\lim f(x)$ 不存在，$\lim g(x)$ 不存在，那么 $\lim[f(x)\pm g(x)]$ 不存在.

2. 求下列函数的极限.

(1) $\lim\limits_{x\to 1}\dfrac{x-1}{\sqrt{x}-1}$；

(2) $\lim\limits_{x\to+\infty}\dfrac{x^2+2x+1}{x^2-2x-3}$；

(3) $\lim\limits_{x\to 1}\left(\dfrac{3}{1-x^3}-\dfrac{1}{1-x}\right)$；

(4) $\lim\limits_{x\to+\infty}\dfrac{1}{x}\sin\dfrac{1}{x}$；

(5) $\lim\limits_{x\to 1}\dfrac{x^2-3x+2}{1-x^3}$；

(6) $\lim\limits_{n\to+\infty}\dfrac{(n+1)^{30}(1-2n)^{20}}{(3+4n)^{50}}$.

### (二)能力提升

1. 已知下列极限，求常数 $a$、$b$.

(1) $\lim\limits_{x\to 2}\dfrac{x^2+ax+b}{x^2-x-2}=4$；

(2) $\lim\limits_{x\to+\infty}\left(\dfrac{x^2}{x+1}-ax-b\right)=0$.

## 答案

### (一)基础练习

1. (1)正确;(2)错;(3)错.

2. (1)2;(2)1;(3)1;(4)0;(5)$\frac{1}{3}$;(6)$\frac{1}{2^{80}}$.

### (二)能力提升

1. (1)$a=8, b=-20$;(2)$a=1, b=-1$.

能力提升
第1题讲解视频

# 第六节　极限存在准则 两个重要极限

## 学习目标

1. 掌握夹逼准则,会利用其证明极限的存在性和计算极限;
2. 掌握单调有界准则,会利用其证明极限的存在性;
3. 掌握两个重要极限及推广形式,并理解"重要"的意义.

## 学习资料

### (一)教材范围

《高等数学》同济大学 第八版 上册 第44~50页

### (二)线上资源

**资源1**　刘荣,刘卫江,王凤兰. 单调有界原理应用举例[J]. 高等数学研究,2019,22(5):9-10

**资源2**　夹逼准则与单调有界准则

资源1

资源2

### (三)相关实际或军事问题

**实例1**　理财中的复利问题. 例如:假设某宝年利率为5%,投入一万元,实行复利计息,假设一年内可无限次计息,求一年后的本息和.

## 预习问题

1. 单调数列存在极限吗? 有界数列存在极限吗? 单调有界函数必有极限吗?
2. 什么是夹逼准则? 如何使用夹逼准则求函数的极限?
3. 两个重要极限分别是什么,是哪种未定式形式,推广形式是什么?

## 练习题

### (一)基础练习

1. 求下列函数的极限.

(1) $\lim\limits_{x\to 0}\dfrac{\sin 2x}{3x}$;

(2) $\lim\limits_{x\to +\infty} x\sin\dfrac{1}{x}$;

(3) $\lim\limits_{x\to 0} x\sin\dfrac{1}{x}$;

(4) $\lim\limits_{x\to 0}\dfrac{1-\cos x}{x^2}$;

(5) $\lim\limits_{x\to 0}(1+2x)^{\frac{1}{3x}}$;

(6) $\lim\limits_{x\to +\infty}\left(\dfrac{x+1}{x+2}\right)^x$;

(7) $\lim\limits_{n\to +\infty}\left(\dfrac{1}{\sqrt{n^2+1}}+\dfrac{1}{\sqrt{n^2+2}}+\cdots+\dfrac{1}{\sqrt{n^2+n}}\right)$;

(8) $\lim\limits_{x\to 0}\dfrac{\arcsin x}{x}$.

### (二)能力提升

1. 证明数列$\sqrt{2}$,$\sqrt{2+\sqrt{2}}$,$\sqrt{2+\sqrt{2+\sqrt{2}}}$,…存在极限.

2. 求下列函数的极限.

(1) $\lim\limits_{n\to \infty}(1+2^n+3^n)^{\frac{1}{n}}$;

(2) $\lim\limits_{x\to 0^+} x\left[\dfrac{1}{x}\right]$.

## 答案

### (一)基础练习

1. (1) $\dfrac{2}{3}$;(2) 1;(3) 0;(4) $\dfrac{1}{2}$;(5) $e^{\frac{2}{3}}$;(6) $e^{-1}$;(7) 1;(8) 1.

### (二)能力提升

1. 见讲解视频.

2. (1) 3;(2) 1.

能力提升
第 **1** 题讲解视频

能力提升
第 **2** 题讲解视频

# 第七节　无穷小的比较

## 学习目标

1. 理解两个无穷小量的比较方法;初步理解“阶”的含义及比较的意义.

2. 掌握无穷小的阶的比较;能对两个无穷小进行阶的比较,体会其中的比较思想.

3. 掌握常见的等价无穷小;理解无穷小等价替换原理,并能利用无穷小等价替换原理求极限.

## 学习资料

资源 1

资源 2

### (一)教材范围

《高等数学》同济大学 第八版 上册 第 50~54 页

### (二)线上资源

**资源 1**　周正岳,黄丽芹.无穷小比较的意义及其应用[J].高等数学研究,2022,25(4):19-21

**资源 2**　等价替换原理

## 预习问题

1. 什么是无穷小?无穷小的性质有哪些?两个数是如何比较大小的?无穷小的比较为什么不能采用作差比较的方法?

2. 无穷小的比较的意义是什么?如何比较两个无穷小之间的高阶、低阶、同阶、等价的关系?

3. 什么是无穷小等价替换原理?等价替换原理的使用原则是什么?常见的等价无穷小有哪些?如何利用常见的等价无穷小来计算极限?

## 练习题

### (一)基础练习

1. 当 $x \to 0$ 时,$2x-x^2$ 与 $x^3-x^2$ 相比,哪个是高阶无穷小?

2. 求下列函数的极限.

(1) $\lim\limits_{x \to 0} \dfrac{\tan x-\sin x}{x^3}$;

(2) $\lim\limits_{x \to 0^+} \dfrac{1-\cos\sqrt{x}}{x(1+\cos\sqrt{x})}$;

(3) $\lim\limits_{x \to 1} \dfrac{\ln x}{x^2-1}$；

(4) $\lim\limits_{x \to 0} \dfrac{\sqrt{1+\sin^2 x}-1}{e^{2x}-1}$.

**(二)能力提升**

1. 求下列函数的极限.

(1) $\lim\limits_{x \to \infty} x\left(a^{\frac{1}{x}}-b^{\frac{1}{x}}\right)$；

(2) $\lim\limits_{x \to 0} \dfrac{e^{\tan x}-e^{\sin x}}{x \sin^2 x}$；

(3) $\lim\limits_{x \to 0} \dfrac{\sin x+x^2 \sin \dfrac{1}{x}}{(1+\cos x)\ln(1+x)}$；

(4) $\lim\limits_{x \to 0} \dfrac{\sin x-\tan x}{(\sqrt[3]{1+x^2}-1)(\sqrt{1+\sin x}-1)}$.

2. 设 $\lim\limits_{x \to 0} \dfrac{\sqrt{1+f(x)\sin 2x}-1}{e^{3x}-1}=2$，求 $\lim\limits_{x \to 0} f(x)$.

## 答案

**(一)基础练习**

1. $x^3-x^2$.

2. (1) $\dfrac{1}{2}$；(2) $\dfrac{1}{4}$；(3) $\dfrac{1}{2}$；(4) 0.

**(二)能力提升**

1. (1) $\ln \dfrac{a}{b}$；(2) $\dfrac{1}{2}$；(3) $\dfrac{1}{2}$；(4) $-3$.

2. 6.

能力提升
**第 1 题讲解视频**

# 第八节　函数的连续性与间断点 连续函数的运算与初等函数的连续性

## 学习目标

1. 知道讨论函数连续性的意义.

2. 能定性分析函数在某点处的连续现象；能利用极限思想定量分析并得到函数在某点处的连续性概念.

3. 能类比函数在某点处极限存在性定理(左右极限存在且相等),得到函数在某点处连续的充要条件.

4. 理解“函数在某点处连续”“函数在某点处极限存在”“函数在某点处有定义”之间的关系.

5. 掌握函数在区间上连续的概念,并掌握函数连续的几何意义.

6. 掌握函数在某点处不连续(间断)的三种情形,并掌握间断点的分类标准和具体类型;能判断函数的间断点类型.

7. 掌握连续函数的四则运算、反函数与复合函数的连续性;知道初等函数的连续性.

## 学习资料

### (一)教材范围

《高等数学》同济大学 第八版 上册 第 54~64 页

### (二)线上资源

资源 1

资源 2

**资源 1** 金友良. 关于一元函数连续性的几个问题[J]. 成都大学学报(教育科学版),2007(6):74-75

**资源 2** 函数的间断点

### (三)相关实际或军事问题

**实例 1** 四季变化、高山流水、人体身高、温度变化等反映了连续变化的现象.

**实例 2** 部队行军、导弹的运动等反映了军事中的连续变化现象.

**实例 3** 快递的收费标准、产品的生产成本等反映了非连续变化的现象.

## 预习问题

1. 函数在某点处有极限的定义是什么?函数在某点处连续的定义是什么?如何判断分段函数在分段点处的连续性?

2. 分析“函数在某点处连续”“函数在某点处极限存在”“函数在某点处有定义”三者之间的关系.

3. 如何从图像上判断函数是否连续?

4. 函数在某点处不连续有哪三种情形?函数间断点的分类标准是什么?函数间断点的具体类型有哪些?

## 练习题

### (一)基础练习

1. 判断下列说法是否正确.

(1) 如果函数 $f(x)$ 在点 $x_0$ 处连续,那么函数 $|f(x)|$ 在点 $x_0$ 处也连续;

(2) 如果函数 $|f(x)|$ 在点 $x_0$ 处连续,那么函数 $f(x)$ 在点 $x_0$ 处也连续;

(3)如果函数 $f(x)$ 在点 $x_0$ 处连续, $g(x)$ 在点 $x_0$ 处不连续, 那么函数 $f(x)+g(x)$ 在点 $x_0$ 处也不连续;

(4)如果函数 $f(x)$ 在点 $x_0$ 处不连续, $g(x)$ 在点 $x_0$ 处不连续, 那么函数 $f(x)+g(x)$ 在点 $x_0$ 处也不连续;

(5)如果函数 $f(x)$ 在点 $x_0$ 处连续, 那么函数 $f^2(x)$ 在点 $x_0$ 处也连续;

(6)如果函数 $f^2(x)$ 在点 $x_0$ 处连续, 那么函数 $f(x)$ 在点 $x_0$ 处也连续;

(7)一切初等函数在其定义域内都是连续的.

2. 设函数 $f(x)=\begin{cases} x\sin\dfrac{1}{x}, & x<0 \\ a+x^2, & x\geqslant 0 \end{cases}$ 在点 $x=0$ 处连续, 求常数 $a$.

3. 求函数 $f(x)=\dfrac{x^2-1}{x^2-3x+2}$ 的间断点, 并判断间断点的类型.

### (二)能力提升

1. 求下列函数的极限.

(1) $\lim\limits_{x\to\frac{\pi}{2}}(\sin x)^{\tan x}$;

(2) $\lim\limits_{x\to 0}\left(\dfrac{a^x+b^x+c^x}{3}\right)^{\frac{1}{x}}$.

2. 设函数 $f(x)=\begin{cases} \dfrac{\sin x}{x}, & x<0 \\ a, & x=0 \\ \dfrac{b(\sqrt{1+x}-1)}{x}, & x>0 \end{cases}$ 在点 $x=0$ 处连续, 求常数 $a$、$b$.

3. 求函数 $f(x)=\lim\limits_{n\to\infty}\dfrac{1+x}{1+x^{2n}}$ 的间断点, 并判断间断点的类型.

## 答案

### (一)基础练习

1. (1)正确; (2)错误; (3)正确; (4)错误; (5)正确; (6)错误; (7)正确.

2. $a=0$.

3. $x=1$ 是可去间断点, $x=2$ 是无穷间断点.

### (二)能力提升

1. (1)1; (2) $\sqrt[3]{abc}$.

2. $a=1, b=2$.

3. $x=1$ 是第一类间断点(跳跃间断点).

能力提升
第 2 题讲解视频

能力提升
第 3 题讲解视频

# 第九节　闭区间上连续函数的性质

## 学习目标

1. 掌握闭区间上连续函数的有界性和最值性定理；能判断对于“闭区间上的函数”或“开区间上的连续函数”结论不一定成立.

2. 掌握闭区间上连续函数的介值性定理，并会利用其讨论中间值问题.

3. 理解零点定理，并会利用其讨论方程根的存在性.

4. 能根据实际问题建立数学模型，利用闭区间上连续函数的性质解决相关问题.

## 学习资料

资源 1

资源 2

**(一)教材范围**

《高等数学》 同济大学 第八版 上册 第 64~68 页

**(二)线上资源**

**资源 1**　张成卓. 闭区间上连续函数的性质及其推广[J]. 课程教育研究，2018(42)：124-125

**资源 2**　闭区间上连续函数的性质

**(三)相关实际或军事问题**

**实例 1**　部队行军路上的“巧合”问题. 假设陆军某院校进行春季拉练活动，具体计划如下：

第一天 7 点从学院出发，17 点到达 A 地；第二天 7 点从 A 地出发，17 点到达学院. 试建立模型，说明学员这两天能够在同一时刻经过同一地点.

**实例 2**　任给一张面积为 $A$ 的纸片，都能一次性将它剪为面积相等的两张.

## 预习问题

1. 函数在闭区间上连续的定义是什么？开区间上连续函数一定有界吗？开区间上连续函数一定能取到最值吗？为什么？函数在什么条件下一定有界并能取到最值？

2. 闭区间上连续函数的介值性定理是什么？

3. 如何从几何和代数上理解特殊的介值性定理——零点定理？

## 练习题

### (一)基础练习

1. 证明：方程 $x=e^{x-3}+1$ 至少有一个不超过 4 的正根.

2. 设函数 $f(x)$ 在 $[0,1]$ 上连续，且 $0\leqslant f(x)\leqslant 1$. 证明：存在 $\xi\in[0,1]$，使得 $f(\xi)=\xi$.

3. 若函数 $f(x)$ 在 $[a,b]$ 上连续，且 $a<x_1<x_2<\cdots<x_n<b$. 证明：存在 $\xi\in(x_1,x_n)$，使得 $f(\xi)=\dfrac{f(x_1)+f(x_2)+\cdots+f(x_n)}{n}$.

### (二) 能力提升

1. 设函数 $f(x)$ 在 $[0,2a]$ 上连续，且 $f(0)=f(2a)$. 证明：在 $[0,a]$ 上至少存在一点 $\xi$，使得 $f(\xi)=f(\xi+a)$.

2. 假设陆军某院校进行春季拉练活动，具体计划如下：

第一天：7 点从学院出发，17 点到达 A 地；

第二天：7 点从 A 地出发，17 点到达学院；

试建立模型，说明学员这两天能够在同一时刻经过同一地点.

## 答案

### (一) 基础练习

1. 提示：构造辅助函数 $F(x)=e^{x-3}-x+1$.
2. 提示：构造辅助函数 $F(x)=f(x)-x$.
3. 提示：利用有界性和介值性定理.

### (二) 能力提升

1. 提示：构造辅助函数 $F(x)=f(x+a)-f(x)$.
2. 提示：建立模型，利用介值性定理.

能力提升
第 **1** 题讲解视频

能力提升
第 **2** 题讲解视频

# 本章小结

## 知识框架

- 函数与极限
  - 函数
    - 函数的相关概念
      - 定义、表示法
    - 研究函数主要内容
      - 几何特征：单调性、奇偶性、周期性、有界性
      - 基本初等函数：含义、运算法则、图像
      - 初等函数
      - （通俗定义、数学定义、研究意义、判断方法）
  - 极限
    - 极限定义
      - 描述性定义
      - 数学定义（七种极限形式）
    - 极限性质
      - 唯一性
      - 有界性(局部有界、整体有界)
      - 保号性
      - 保序性
    - 充分条件
      - 奇偶子列
      - $\lim\limits_{x\to\infty}f(x)=A \Leftrightarrow \lim\limits_{x\to+\infty}f(x)=\lim\limits_{x\to-\infty}f(x)=A$
      - 左右极限(左右连续、左右导数)，解决：分段函数
      - 单调有界原理
      - 夹逼准则
    - 极限计算
      - 思路方法
        - 判断变化趋势：1.直接代入；2.利用已知结果 3.利用阶的估计
        - 寻找具体方法(常用五种方法)
      - 计算方法（常用方法）
        - 初等变形(本质：多个化一个；注意：存在性条件；常见方法：同除、通分、有理化等)
        - 两个重要极限：$\left(\frac{0}{0},1^{\infty}\right)$
        - 无穷小×无界：极限不存在时考虑有界；把握无穷小的意义：两个转化
        - 等价无穷小替换：注意使用条件；特点：转化幂函数形式；熟记六个常见等价
        - 洛必达法则
        - 其他方法(单调有界、夹逼准则、连续定义、导数定义、定积分定义、泰勒展开、中值定理等)
    - 函数连续
      - 连续性定义(两个)：点连续与区间连续
      - 间断(不连续)：定义，不连续三种情况，间断点的分类
      - 初等函数的连续性质
      - 闭区间上连续函数性质：有界性、取最值、介值性

## 概念方法问题梳理

概念方法问题梳理

本章内容为函数与极限．突出了为什么学，学什么，怎么学，达到什么目标的问题．函数与极限上承中学数学，下启高等数学．现以问题的形式进行内容梳理，从学习者的角度出发，达到理解概念、掌握方法的目的，突出关键问题，分析重点、难点．

**问题一**　高等数学研究的对象是什么？研究其什么内容？高等数学对军事问题研究有什么意义？

**问题二**　高等数学学习的内容及需要达到的培养目标是什么？

**问题三**　高等数学中的函数与高中讲的函数有什么不同？什么是初等函数？初等函数的核心内容是什么？

**问题四**　极限的数学定义为难点，在 $\lim\limits_{n\to\infty}a_n=a$ 的“$\varepsilon-N$”语言中 $\varepsilon$ 的二重性是指什么？

为什么说 $\varepsilon$ 体现了有限与无限的辩证关系？

**问题五**　函数极限存在的充分条件有哪些？即(　　)⇒极限存在.

**问题六**　函数极限的性质以及性质的几何意义是什么？

**问题七**　试举出以下两个函数极限不存在的实例：一是有界函数极限不存在；二是无界函数极限不存在.

**问题八**　无穷小与一般函数极限的关系是什么？低阶、高阶、同阶的“阶”是什么意思？无穷小与无穷大的关系、无穷大与无界的关系是什么？

**问题九**　写出常用的等价无穷小关系(六种).

**问题十**　写出求具体函数极限值的四种方法，它们各有什么特点？

**问题十一**　函数在某点连续的直观描述是什么？函数在某点不连续的三种情形是什么？间断点通过什么来分类？其中“跳跃”“可去”是什么意思？

**问题十二**　写出闭区间上连续函数的三条性质，并说明其意义.

### 难点、疑点问题

**问题一**　用极限的数学定义证明极限存在问题.

**问题二**　求具体函数极限的方法选择问题.

**问题三**　函数中间值存在问题.

**例 1**　证明：$\lim\limits_{n\to\infty}\dfrac{3n+1}{2n+1}=\dfrac{3}{2}$.

**例 2**　求极限：(1) $\lim\limits_{x\to0}\dfrac{1-\cos x\sqrt{\cos 2x}}{x^2}$；

(2) $\lim\limits_{x\to0}\dfrac{\sqrt{1+\sin x}-1}{\tan x}$.

**例 3**　如果函数 $f(x)$ 在 $[a,b]$ 上连续，且 $f(x)\in[a,b]$. 证明至少存在一点 $\xi\in[a,b]$，使 $f(\xi)=\xi$.

## 本章练习

1. 求下列极限.

(1) $\lim\limits_{x\to0}\dfrac{3\sin x+x^2\cos\dfrac{1}{x}}{(1+\cos x)\ln(1+x)}$；

(2) $\lim\limits_{x\to1^-}\dfrac{\sqrt[5]{1-\sqrt{1-x^2}}-1}{\arcsin\left(e^{-\sqrt{1-x^3}}-1\right)}$；

本章练习讲解

(3) $\lim\limits_{x\to 0}\dfrac{\dfrac{x^2}{2}+1-\sqrt{1+x^2}}{(\cos x-e^{x^2})\sin x^2}$;

(4) $\lim\limits_{x\to\infty}\left(\dfrac{x+1}{x-2}\right)^{kx}$;

(5) $\lim\limits_{x\to 0^+}\sqrt[x]{\cos x}$;

(6) $\lim\limits_{n\to\infty}\left(\dfrac{1}{n^2+1}+\dfrac{2}{n^2+2}+\cdots+\dfrac{n}{n^2+n}\right)$;

(7) $\lim\limits_{n\to\infty}\left[1+2^n+\left(\dfrac{10}{3}\right)^n\right]^{\frac{1}{n}}$;

(8) $\lim\limits_{x\to+\infty}(\alpha x+\sqrt{x^2-x+1}-\beta)=0$,求 $\alpha$、$\beta$.

2. 设$\lim\limits_{x\to 0}f(x)$存在,且$\lim\limits_{x\to 0}\dfrac{\sqrt{1+f(x)\sin x}-1}{e^{2x}-1}=3$,求$\lim\limits_{x\to 0}f(x)$.

3. 若$\lim\limits_{n\to\infty}u_n=a$,证明$\lim\limits_{n\to\infty}|u_n|=|a|$. 请举例说明:数列$\{|x_n|\}$有极限,但数列$\{x_n\}$未必有极限.

4. 函数 $y=x\cos x$ 在$(-\infty,+\infty)$内是否有界,是否为 $x\to+\infty$ 时的无穷大?

5. 设数列满足 $x_{n+1}=\dfrac{x_n}{2}+\dfrac{1}{x_n}$,$x_0>0$,$n=0,1,2,\cdots$,证明$\lim\limits_{n\to\infty}x_n$ 存在,并求极限值.

6. 当 $x\to 0^+$时,$\sqrt{x+\sqrt{x+\sqrt{x}}}$ 是 $x$ 的 $k$ 阶无穷小,求 $k$.

7. 设$f(x)=\begin{cases}x\sin\dfrac{1}{x}, & x>0\\ a+x^2, & x\leqslant 0\end{cases}$ 在 $\mathbf{R}$ 上连续,求 $a$.

8. 求$f(x)=\dfrac{1}{1-e^{\frac{x}{1-x}}}$的连续区间、间断点,并判别间断点类型.

9. 讨论$f(x)=\lim\limits_{n\to\infty}\dfrac{1-x^{2n}}{1+x^{2n}}x\ (n\in\mathbf{N}_+)$的连续性,若有间断点,判别其类型.

10. 若$f(x)$在$[a,b]$上连续,$a<x_1<x_2<\cdots<x_n<b\ (n\geqslant 3)$,则在$(x_1,x_n)$内至少有一点 $\xi$,使 $f(\xi)=\dfrac{f(x_1)+f(x_2)+\cdots+f(x_n)}{n}$.

11. 设当 $a\leqslant x\leqslant b$ 时,$a\leqslant f(x)\leqslant b$,并设 $\exists k\in[0,1)$,对于 $\forall x_1,x_2\in[a,b]$,有 $|f(x_1)-f(x_2)|\leqslant k|x_1-x_2|$. 证明:$\exists\xi\in[a,b]$,使$f(\xi)=\xi$.

# 本章自测

## 一、填空题

1. 数列$\{x_n\}$有界是数列$\{x_n\}$收敛的________条件.

2. 函数$y=f(x)$在点$x_0$处有定义是函数在该点处极限存在的________条件.

3. 设$\alpha$、$\beta$都为$x\to x_0$时的无穷小量,若要进行无穷小的阶的比较,则通过________来比较.

4. 函数$f(x)$在闭区间$I$上有界指的是________.

5. $x=0$是函数$f(x)=|x|\sin\frac{1}{x}$的________间断点.

6. $\lim\limits_{x\to 0}\left(x\sin\frac{1}{x}+\frac{1}{x}\sin x\right)=$________.

## 二、计算题

1. 求下列极限.

(1)$\lim\limits_{x\to 0}\frac{\tan x-\sin x}{(\arctan x)^3}$;

(2)$\lim\limits_{x\to 0}\frac{1-\cos x\sqrt{\cos 2x}}{x^2}$;

(3)$\lim\limits_{x\to 0}\frac{(\sqrt[3]{1+\sin^2 x}-1)+x^3\cos\frac{1}{x}}{\ln(1+x^2)}$;

(4)$\lim\limits_{n\to +\infty}\sqrt[n]{1^n+2^n+\cdots+99^n}$;

(5)$\lim\limits_{x\to 0}\frac{e^x-e^{-x}-2x}{x-\sin x}$;

(6)$\lim\limits_{x\to -\infty}\frac{\sqrt{4x^2+x-1}+x+1}{\sqrt{x^2+\sin x}}$.

2. 已知$\lim\limits_{x\to 1}\frac{x^2+ax+b}{x-1}=3$,求$a+b$.

## 三、分析讨论题

1. 设$f(x)=\begin{cases}x^{\alpha}\sin\frac{1}{x}, & x\neq 0\\ 0, & x=0\end{cases}$($\alpha$为实数),讨论$\alpha$为何值时,$f(x)$在$x=0$处的极限存在,以及$f(x)$在$\mathbf{R}$上连续.

2. 设当$x>-1$时,$f(x)=\lim\limits_{n\to +\infty}\frac{x+e^{nx}}{1+e^{nx}}$,讨论函数$f(x)$的连续性.

## 四、证明题

1. 设数列$\{x_n\}$满足：$0<x_1<3$，$x_{n+1}=\sqrt{x_n(3-x_n)}$ $(n=1,2,3,\cdots)$，证明数列$\{x_n\}$的极限存在，并求此极限.

2. 设$f(x)$在$[a,b]$上连续，$a<c<d<b$，证明：对任意正数$p$和$q$，至少存在一点$\xi\in[c,d]$，使得$pf(c)+qf(d)=(p+q)f(\xi)$.

3. 设$f(x)$是$[0,1]$上非负连续函数，且$f(0)=f(1)=0$，证明对任意实数$r(0<r<1)$，必存在$\xi\in[0,1]$，使得$\xi+r\in[0,1]$，且$f(\xi)=f(\xi+r)$.

# 答案

## 一、填空题

1. 必要.

2. 非充分非必要.

3. $\lim\limits_{x\to x_0}\dfrac{\alpha}{\beta}$.

4. $\exists M>0,\ \forall x\in I,\ |f(x)|\leqslant M$.

5. 可去.

6. 1.

## 二、计算题

1. (1)$\dfrac{1}{2}$；(2)$\dfrac{3}{2}$；(3)$\dfrac{1}{3}$；(4)99(提示：利用夹逼准则)；(5)2；(6)1(提示：分子分母同时除以$x$).

2. $-1$.

## 三、分析讨论题

1. 当$\alpha>0$时，$\lim\limits_{x\to0}f(x)=\lim\limits_{x\to0}x^{\alpha}\sin\dfrac{1}{x}=0=f(0)$，故$f(x)$在$x=0$处连续，$f(x)$在$\mathbf{R}$上为连续函数；

当$\alpha\leqslant0$时，$\lim\limits_{x\to0}f(x)=\lim\limits_{x\to0}x^{\alpha}\sin\dfrac{1}{x}$不存在，故$f(x)$在$x=0$处不连续，$f(x)$在$\mathbf{R}$上为不连续函数.

2. $f(x)=\begin{cases}x, & -1<x<0\\ \dfrac{1}{2}, & x=0,\\ 1, & x>0\end{cases}$ $f(x)$仅在$x=0$处间断($x=0$为跳跃间断点)，在定义域内其他点处连续.

## 四、证明题

1. 利用单调有界收敛准则证明数列$\{x_n\}$收敛：

(1) $x_{n+1}=\sqrt{x_n(3-x_n)}\leqslant\frac{x_n+3-x_n}{2}=\frac{3}{2}$，即$\{x_n\}$有上界；

(2) $x_{n+1}-x_n=\sqrt{x_n(3-x_n)}-x_n=\sqrt{x_n}(\sqrt{3-x_n}-\sqrt{x_n})=\sqrt{x_n}\frac{3-2x_n}{\sqrt{3-x_n}+\sqrt{x_n}}\geqslant 0$，即$\{x_n\}$单调递增；

(3) 设$\lim\limits_{n\to\infty}x_n=a$，则$\lim\limits_{n\to\infty}x_{n+1}=\lim\limits_{n\to\infty}\sqrt{x_n(3-x_n)}$，即$a=\sqrt{a(3-a)}$，即$\lim\limits_{n\to\infty}x_n=\frac{3}{2}$.

2. 提示：在区间$[c,d]$上利用闭区间上的最值定理和介值性定理即可.

3. 提示：令$F(x)=f(x)-f(x+r)$，则$F(x)$在$[0,1-r]$上连续，且$F(0)F(1-r)\leqslant 0$，根据$F(0)=0$或$F(1-r)=0$或$F(0)F(1-r)<0$分情况证明即可.

# 第二章　导数与微分

## 第一节　导数概念

### 学习目标

1. 知道导数概念产生的实际背景；会从具体问题抽象出数学概念.

2. 理解函数在一点处导数的定义；理解导数的本质是增量比的极限，刻画的是函数在一点处的是变化率问题；了解增量比形式的多样性，并能利用其计算极限.

3. 了解实际问题中的变化率问题.

4. 理解左右导数的定义，并掌握其与导数存在的关系.

5. 理解导函数的定义.

6. 理解导数的几何意义；会求曲线在某点处的切线方程和法线方程.

7. 理解函数在一点处可导与连续的关系.

### 学习资料

资源 1

资源 2

实例 2

**(一)教材范围**

《高等数学》同济大学　第八版　上册　第 71~82 页

**(二)线上资源**

**资源 1**　郑莲. 关于导数概念的几个典型错误解析[J]. 成都师范学院学报，2013，29(3)：123-124

**资源 2**　如何讨论分段函数在分段点处的可导性

**(三)相关实际或军事问题**

**实例 1**　一竖直上抛的物体，其上升的高度函数 $h(t)=10t-\frac{1}{2}gt^2$，求其在 $t_0$ 时刻的瞬时速度.

**实例 2**　谭雪云. 导数概念在经济学中最优值确定方面的应用[J]. 山西广播电视大学学报，2002(2)：32-33.

### 预习问题

1. 如何求变速直线运动的瞬时速度？什么是切线？如何求切线的斜率？

这两个问题所讨论的结果在数学结构上有什么共同特点？

2. 什么是函数在一点处的导数？增量比形式有哪些？

3. 什么是单侧导数？与函数在一点处可导的关系是什么？如何讨论分段函数在分段点处的可导性？

4. 导数的几何意义是什么？曲线上在某点处的切线方程和法线方程是什么？

5. 函数在一点处可导与连续的关系是什么？

## 练习题

### (一)基础练习

1. 已知 $f'(3)=2$，则 $\lim\limits_{h\to 0}\dfrac{f(3-h)-f(3)}{2h}=$________.

2. $f'(0)$存在，有 $f(0)=0$，则 $\lim\limits_{x\to 0}\dfrac{f(x)}{x}=$________.

3. 设 $f(x)=10x^2$，试按定义求 $f'(-1)$.

### (二)能力提升

1. 求曲线 $y=\cos x$ 上点 $\left(\dfrac{\pi}{3},\dfrac{1}{2}\right)$ 处的切线方程和法线方程.

2. 下列各题中均假设 $f'(x_0)$ 存在，按照导数定义观察下列极限，试分析指出 $A$ 表示什么？

(1) $\lim\limits_{\Delta x\to 0}\dfrac{f(x_0-\Delta x)-f(x_0)}{\Delta x}=A$；

(2) $\lim\limits_{x\to 0}\dfrac{f(x)}{x}=A$，其中 $f(0)=0$，且 $f'(0)$ 存在；

(3) $\lim\limits_{h\to 0}\dfrac{f(x_0+h)-f(x_0-h)}{h}=A$.

3. 设函数 $f(x)=\begin{cases}x^2, & x\leqslant 1\\ ax+b, & x>1\end{cases}$，为了使函数 $f(x)$ 在 $x=1$ 处连续且可导，$a$、$b$ 应分别取什么值？

4. 已知 $f(x)=\begin{cases}\sin x, & x<0\\ x, & x\geqslant 0\end{cases}$，讨论其在 $x=0$ 处的导数.

## 答案

### (一)基础练习

1. $-1$.

2. $f'(0)$.

3. $-20$.

(二)能力提升

1. $y-\frac{1}{2}=-\frac{\sqrt{3}}{2}\left(x-\frac{\pi}{3}\right)$, $y-\frac{1}{2}=\frac{2}{\sqrt{3}}\left(x-\frac{\pi}{3}\right)$.

2. (1) $A=-f'(x_0)$;

(2) $A=f'(0)$;

(3) $A=2f'(x_0)$.

3. $a=2, b=-1$.

4. $f'(x)=\begin{cases}\cos x, & x<0\\ 1, & x\geqslant 0\end{cases}$.

能力提升
第 **2** 题(**3**)讲解视频

能力提升
第 **3** 题讲解视频

能力提升
第 **4** 题讲解视频

# 第二节　函数的求导法则

## 学习目标

1. 会用导数定义求函数的导数;体会利用定义求导数的困难;根据初等函数的含义分析讨论函数导数的计算思路.

2. 会利用定义求一些基本初等函数的导数;并掌握基本初等函数的求导公式.

3. 掌握导数的四则运算求导法则、反函数求导法则和复合函数求导法则.

4. 会根据求导法则计算初等函数的导数;会求分段函数的导数.

## 学习资料

资源 1

资源 2

(一)教材范围

《高等数学》 同济大学 第八版 上册 第 82~93 页

(二)线上资源

**资源 1**　张树林. 一元复合函数求导法则及常见错误剖析[J]. 科技视界, 2013(29):188. DOI: 10.19694/j.cnki.issn2095-2457.2013.29.147

**资源 2**　如何求反函数的导数

### (三) 相关实际或军事问题

**实例 1** 以初速度 $v_0$ 竖直上抛的物体,其上升高度 $s$ 与时间 $t$ 的关系是 $s=v_0t-\frac{1}{2}gt^2$,求该物体的速度 $v(t)$ 和达到最高点的时刻.

## 预习问题

1. 从定义的角度,函数 $f(x)$ 的导数 $f'(x)$ 等于什么? 利用定义计算的难点在哪里?
2. 基本初等函数求导公式有哪些?
3. 为什么讨论函数的四则运算求导法则? 具体内容是什么?
4. 反函数求导法则是什么?
5. 复合函数求导法则是什么?
6. 初等函数求导方法是什么? 如何求分段函数的导数?

## 练习题

### (一) 基础练习

1. 已知 $y=3e^x\cos x+e^{-3x^2}+\arctan e^x$,求 $y'$.
2. 设 $y=e^{|x|}$,求 $y'$.
3. 设 $y=(1+x)^{\frac{1}{x}}$,求 $y'$.
4. 设 $y=\log_{\varphi(x)}\psi(x)$,求 $y'$.

### (二) 能力提升

1. 设 $y=\sin\dfrac{2x}{1+x^2}+\arcsin\dfrac{2x}{1+x^2}(|x|<1)$,求 $y'$.

2. 设函数 $f(x)$ 和 $g(x)$ 均在点 $x_0$ 的某一邻域内有定义,$f(x)$ 在 $x_0$ 处可导,$f(x_0)=0$,$g(x)$ 在 $x_0$ 处连续,试讨论 $f(x)g(x)$ 在点 $x_0$ 的可导性.

3. 设函数 $f(x)$ 和 $g(x)$ 可导,且 $f^2(x)+g^2(x)\neq 0$,试求函数 $y=\sqrt{f^2(x)+g^2(x)}$ 的导数.

## 答案

### (一) 基础练习

1. $y'=3e^x(\cos x-\sin x)-6xe^{-3x^2}+\dfrac{e^x}{1+e^{2x}}$.

2. $y'=\begin{cases}e^x, & x>0\\ -e^{-x}, & x<0\end{cases}$.

3. $y'=(1+x)^{\frac{1}{x}}\left[\dfrac{1}{x(x+1)}-\dfrac{\ln(1+x)}{x^2}\right]$.

4. $y'=\dfrac{\dfrac{\psi'(x)}{\psi(x)}\ln\varphi(x)-\dfrac{\varphi'(x)}{\varphi(x)}\ln\psi(x)}{[\ln\varphi(x)]^2}$.

### (二)能力提升

1. $y'=\dfrac{2(1-x^2)}{(1+x^2)^2}\cdot\cos\dfrac{2x}{1+x^2}+\dfrac{2}{1+x^2}$.

2. $f(x)g(x)$ 在点 $x_0$ 处可导,其导数为 $f'(x_0)g(x_0)$.

3. $y'=\dfrac{f(x)f'(x)+g(x)g'(x)}{\sqrt{[f(x)]^2+[g(x)]^2}}$.

能力提升
第 1 题讲解视频

能力提升
第 3 题讲解视频

# 第三节　高阶导数

## 学习目标

1. 了解高阶导数的物理背景;掌握高阶导数的定义和记法.
2. 掌握具体的显示初等函数求高阶导数的方法及一些特殊函数的 $n$ 阶导数求导公式.
3. 会求抽象函数的二阶导数.

## 学习资料

### (一)教材范围

《高等数学》同济大学 第八版 上册 第 94~98 页

### (二)线上资源

**资源 1**　张沫. 函数高阶导数的求解方法探究[J]. 高等数学研究,2021,24(6):6-8,29

**资源 2**　显式初等函数高阶导数求导方法

### (三)相关实际或军事问题

**实例 1**　已知导弹的运动方程 $s=f(t)$,求导弹的加速度 $a(t)$.

**实例 2**　徐秋仓. 高阶导数的应用[J]. 中国校外教育,2014(15):186,178.

资源 1　　资源 2　　实例 2

## 预习问题

1. $y''$表示哪个函数的导数？从定义的角度，导数为增量比的极限，写出 $y''$所表示的增量比的极限形式.

2. 给定具体的初等函数 $y=f(x)$，它的高阶导数计算方法有哪些？

3. 请写出几个常见的高阶导数求导公式.

4. 求抽象函数的二阶导数方法是什么？

## 练习题

### (一)基础练习

1. 已知 $y=xe^{x^2}$，求 $y''$.

2. 已知 $y=\ln(1+x)$，求 $y^{(n)}$.

3. 已知 $y=x^2\sin 2x$，求 $y^{(50)}$.

### (二)能力提升

1. 设$f''(x)$存在，求 $y=\ln[f(x)]$的二阶导数$\dfrac{\mathrm{d}^2y}{\mathrm{d}x^2}$.

2. 已知$\dfrac{\mathrm{d}x}{\mathrm{d}y}=\dfrac{1}{y'}$，试求$\dfrac{\mathrm{d}^2x}{\mathrm{d}y^2}$、$\dfrac{\mathrm{d}^3x}{\mathrm{d}y^3}$.

3. 求函数$f(x)=x^2\ln(1+x)$在 $x=0$ 处的 $n$ 阶导数 $f^{(n)}(0)\ (n\geqslant 3)$.

## 答案

### (一)基础练习

1. $y''=2x(3+2x^2)e^{x^2}$.

2. $y^{(n)}=(-1)^{n-1}\dfrac{(n-1)!}{(1+x)^n}$.

3. $y^{(50)}=2^{50}\left(-x^2\sin 2x+50x\cos 2x+\dfrac{1\ 225}{2}\sin 2x\right)$.

### (二)能力提升

1. $\dfrac{\mathrm{d}^2y}{\mathrm{d}x^2}=\dfrac{f''(x)f(x)-f'^2(x)}{f^2(x)}$.

2. $\dfrac{\mathrm{d}^2y}{\mathrm{d}x^2}=-\dfrac{y''}{(y')^3}$，$\dfrac{\mathrm{d}^3x}{\mathrm{d}y^3}=\dfrac{3(y'')^2-y'y'''}{(y')^5}$.

3. $f^{(n)}(0)=\dfrac{(-1)^{n-1}n!}{n-2}\ (n\geqslant 3)$.

能力提升
第 **1** 题讲解视频

能力提升
第 **2** 题讲解视频

能力提升
第 **3** 题讲解视频

# 第四节　隐函数及由参数方程所确定的函数的导数 相关变化率

## 学习目标

1. 知道隐函数和由参数方程所确定的函数是函数呈现的不同形式;领悟用参数方程描述曲线轨迹的好处.

2. 理解隐函数的含义;掌握隐函数的求导方法;会求隐函数的二阶导数.

3. 掌握函数的求导技巧——对数求导法.

4. 理解由参数方程所确定的函数关系;会求参数方程所确定函数的一阶及二阶导数.

5. 理解相关变化率,能根据两个变化率间的关系,从一个已知的变化率求解另一个变化率.

## 学习资料

资源 1

资源 2

### (一) 教材范围

《高等数学》同济大学 第八版 上册 第 98~107 页

### (二) 线上资源

**资源 1**　张亚龙,高改芸,刘爽. 隐函数求导数的五种方法[J]. 科技风, 2023(3):26-29. DOI:10. 19392/j. cnki. 1671-7341. 202303009

**资源 2**　参数式的导数求法

### (三) 相关实际或军事问题

**实例 1**　落在平静水面上的石头,产生同心波纹,若最外一圈波半径的增大速率是 6 m/s,则在 2 s 末扰动水面面积增大的速率是多少?

## 预习问题

1. 函数的呈现形式有哪几种?

2. 什么是隐函数? 如何求隐函数的一阶和二阶导数?

3. 对数求导法是什么? 其一般用于求解什么类型函数的导数?

4. 什么是由参数方程所确定的函数? 如何求由参数方程所确定的函数的一阶导数和二阶导数?

5. 什么是相关变化率? 它的意义在于由一个已知的变化率求解另一个变化率,如何建立两个变化率之间的关系?

## 练习题

### (一) 基础练习

1. 求由 $e^y+xy-e=0$ 所确定的隐函数的导数$\frac{dy}{dx}$.

2. 求由 $y^5+2y-x-3x^7=0$ 所确定的隐函数在 $x=0$ 处的导数$\left.\frac{dy}{dx}\right|_{x=0}$.

3. 设$\begin{cases}x=1-t^2\\y=t-t^3\end{cases}$,求$\frac{dy}{dx}$及$\frac{d^2y}{dx^2}$.

4. 已知椭圆的参数方程为$\begin{cases}x=a\cos t\\y=b\sin t\end{cases}$,求椭圆在 $t=\frac{\pi}{4}$时相应点处的切线方程.

### (二) 能力提升

1. 设 $y=\sqrt[5]{\frac{x-5}{\sqrt[3]{x^2+2}}}$,求 $y'$.

2. 求 $y=x^{\sin x}(x>0)$ 的导数 $y'$.

3. 求由参数方程$\begin{cases}x=f'(t)\\y=tf'(t)-f(t)\end{cases}$所确定的二阶导数$\frac{d^2y}{dx^2}$(设$f''(t)$存在且不为 0).

4. 落在平静水面上的石头,产生同心波纹,若最外一圈波半径的增大速率总是 6 m/s,则在 2 s 末扰动水面面积增大的速率是多少?

## 答案

### (一) 基础练习

1. $\frac{dy}{dx}=-\frac{y}{x+e^y}(x+e^y\neq 0)$.

2. $\left.\frac{dy}{dx}\right|_{x=0}=\frac{1}{2}$.

3. $\frac{dy}{dx}=\frac{3}{2}t-\frac{1}{2t},\frac{d^2y}{dx^2}=-\frac{3t^2+1}{4t^3}$.

4. $bx+ay-\sqrt{2}ab=0$.

### (二) 能力提升

1. $y'=\sqrt[5]{\frac{x-5}{\sqrt[3]{x^2+2}}}\left[\frac{1}{5(x-5)}-\frac{2x}{15(2+x^2)}\right]$.

2. $y'=x^{\sin x}\left(\cos x\cdot\ln x+\frac{\sin x}{x}\right)$.

3. $\frac{1}{f''(t)}$.

4. $144\pi(\mathrm{m}^2/\mathrm{s})$.

能力提升 第 1 题讲解视频

能力提升 第 2 题讲解视频

能力提升 第 3 题讲解视频

# 第五节　函数的微分

## 学习目标

1. 了解近似计算的背景意义;理解函数在一点处可微和微分的定义;掌握函数在一点处可微、可导、连续的关系.

2. 理解微分的几何意义及其所蕴含的局部线性化思想.

3. 掌握基本初等函数的微分公式、微分的四则运算法则和复合函数的微分法则;会求初等函数的微分.

4. 了解微分形式不变性.

5. 会利用微分求函数近似值,以及会利用微分求解相关实际问题.

## 学习资料

### (一)教材范围

《高等数学》 同济大学 第八版 上册 第 107~119 页

### (二)线上资源

资源 1

**资源 1**　高昕. 一元函数微分学解题策略初探[J]. 高等数学研究,2018,21(5):8-13

### (三)相关实际或军事问题

**实例 1**　将麦克风的插头视为圆柱形,其截面半径 $r=0.12$ cm,长 $l=4$ cm,为了提高它的导电性能,要在插头的侧面镀上一层厚为 $\Delta r=0.001$ cm 的纯铜,试估算一下镀这样的插头需要多少克铜.(铜的密度为 $\rho=8.9$ g/cm$^3$.)

## 预习问题

1. 函数在一点处可微指的是什么? 什么是函数在一点处的微分? 什么是函数的微分?

2. 如何判断函数在一点处可微?

3. 微分的几何意义是什么? 其蕴含的数学思想是什么?

4. 如何求函数的微分?

5. 利用微分进行近似计算的原理是什么？

## 练习题

### (一)基础练习

1. 求函数 $y=x^2$ 在 $x=2,\Delta x=0.02$ 时的微分.

2. 在括号里填上适当的函数,使等式成立.

(1) $\mathrm{d}(\quad)=x\mathrm{d}x$;

(2) $\mathrm{d}(\quad)=\cos\omega t\mathrm{d}t(\omega\neq 0)$.

3. 设函数 $y=\mathrm{e}^{1-3x}\cos x$,利用微分的计算公式以及微分形式不变性求 $\mathrm{d}y$.

4. 计算 $\sqrt[4]{80}$ 的近似值.

### (二)能力提升

1. 已知 $y=\mathrm{e}^{\sin^2\frac{1}{x}}$,求 $\mathrm{d}y$.

2. 已知 $f(x)=\arctan\sqrt{x^2-1}-\dfrac{\ln x}{\sqrt{x^2-1}}$,求 $\mathrm{d}f(x)$.

3. 设 $y=f''[\varphi^n(\sin x^n)]$,求 $\mathrm{d}y$.

## 答案

### (一)基础练习

1. $\mathrm{d}y\Big|_{\substack{x=2\\ \Delta x=0.02}}=(2x\Delta x)\Big|_{\substack{x=2\\ \Delta x=0.02}}=0.08$.

2. (1) $\mathrm{d}\left(\dfrac{x^2}{2}+C\right)=x\mathrm{d}x$;

(2) $\mathrm{d}\left(\dfrac{1}{\omega}\sin\omega t+C\right)=\cos\omega t\mathrm{d}t(\omega\neq 0)$.

3. $\mathrm{d}y=-\mathrm{e}^{1-3x}(3\cos x+\sin x)\mathrm{d}x$.

4. $\sqrt[4]{80}\approx 2.9907$.

### (二)能力提升

1. $\mathrm{d}y=-\dfrac{1}{x^2}\sin\dfrac{2}{x}\mathrm{e}^{\sin^2\frac{1}{x}}\mathrm{d}x$.

2. $\mathrm{d}f(x)=\dfrac{x\ln x}{(x^2-1)^{\frac{3}{2}}}\mathrm{d}x$.

3. $\mathrm{d}y=n^2x^{n-1}\cos x^nf'''[\varphi^n(\sin x^n)]\varphi^{n-1}(\sin x^n)\varphi'(\sin x^n)\mathrm{d}x$.

能力提升
第 1 题讲解视频

能力提升
第 2 题讲解视频

能力提升
第 3 题讲解视频

# 本章小结

## 知识框架

- 导数与微分
  - 导数
    - 导数概念
      - 引例：切线问题；瞬时速度问题
      - 导数概念：增量比的极限
      - 实际应用
        - 几何上：切线斜率
        - 物理上：变化率问题
        - 经济上：边际问题
        - 军事上：变化率问题
      - 左右导数、导函数
      - 导数与连续的关系
    - 求导方法
      - 思想方法：根据函数类型，选择具体方法
      - 显式初等函数求导
        - 初等函数的基本求导法则
        - 四则运算求导法则
        - 复合函数求导法则
      - 隐函数求导
        - 隐函数的概念
        - 隐函数求导法则（一阶、二阶）
        - 对数求导法
      - 参数方程所确定的函数的导数
        - 求导公式（一阶、二阶）
      - 变限函数求导
        - 方法：变限函数求导法则（第5章）
        - 推广：被积函数含 $x$，$t$
          - 分离变量
          - 变量代换
          - 含参变量积分
      - 高阶导数
        - 普通函数的高阶导数
        - 有规律函数的高阶导数
        - 乘积的高阶导数
  - 微分
    - 定义：线性主部+高阶无穷小
    - 本质：局部线性化
    - 计算：$\mathrm{d}y=y'\mathrm{d}x$
    - 连续、可导、可微的关系
    - 近似计算：$\Delta y=\mathrm{d}y$

## 概念方法问题梳理

概念方法问题梳理

前一章引出了高等数学主要研究对象——初等函数，建立了研究函数的工具——极限的概念、方法. 这一章主要利用极限来讨论函数的重要分析性质，即导数与微分，称为一元函数微分学. 下面以问题的形式概括梳理本章内容，并列出学习中的重点、难点、疑惑点.

**问题一** 两个经典的引例提炼出数量关系上的哪些共性特征？

**问题二** 写出函数在某点处的导数的确切定义，为什么有左、右导数？说明它们的几何意义. 导数的符号有什么特点？导数概念的本质是什么？在工程技术和军事应用上有什么意义？

**问题三** 导数与连续都是由极限概念建立的，两者有什么联系？怎么推导或说明？在

几何上如何理解？

**问题四** 什么是导函数？导函数与在某点处的导数有什么关系？

**问题五** 归纳提炼所给出的具体函数的求导思路方法.

**问题六** 归纳幂指函数 $y=[f(x)]^{g(x)}$ 求导的技巧.

**问题七** 归纳求函数高阶导数的思路方法.

**问题八** 尽可能多地列出工程、军事应用中的导数应用的例子.

**问题九** 微分是从什么问题中引出的？写出微分的精确定义.为什么说微分的本质是局部线性化？

**问题十** 微分怎么计算？归纳其思路方法.

### 难点、疑点问题

**问题一** $f'(x_0)$，$f'(x)\big|_{x=x_0}$，$[f(x_0)]'$各表示什么意义？

**问题二** $f(x)$具有连续的二阶导数，与$f(x)$二阶可导有什么不同？

**问题三** 根据反函数求导法则，由$\dfrac{dx}{dy}=\dfrac{1}{\dfrac{dy}{dx}}\left(x'_y=\dfrac{1}{y'_x}\right)$推导出 $x''_{yy}$ 或$\dfrac{d^2x}{dy^2}$.

## 本 章 练 习

本章练习讲解

1. 设$f(x)=x(x+1)(x+2)(x+3)\cdots(x+n)$，则$f'(0)=$________.

2. 讨论函数$f(x)=\begin{cases}x^2\sin\dfrac{1}{x}, & x<0\\ x, & x\geqslant 0\end{cases}$ 在点 $x=0$ 处的连续性与可导性.

3. 求 $y=\left(\arctan\dfrac{x}{2}\right)^2$ 的导数.

4. 求 $y=x^{\sin x}$ 的导数.

5. 求 $y=xf[\ln(1+\sin x)]+g(\sin x^2)$的导数.

6. 求由方程 $\sin(xy)-\ln\dfrac{x+1}{y}=1$ 所确定的隐函数的导数.

7. 设$f$可导，若有$f(x+y)+\ln y=y\sin x$ 成立，则求$\dfrac{dy}{dx}$.

8. 已知参数方程所确定的函数为$\begin{cases}x=t+\sin t\\ y=1+\cos t\end{cases}$，求$\dfrac{dy}{dx}$，$\dfrac{d^2y}{dx^2}$.

9. 已知参数方程所确定的函数为$\begin{cases}e^x=3t^2+2t+1\\ t\sin y-y+\dfrac{\pi}{2}=0\end{cases}$，求该函数在 $t=0$ 处的导数.

10. 已知 $y\sin x-\cos(x-y)=0$，求 $dy$.

11. 求 $\sin 29°$的近似值.

12. 已知 $y=x^2e^{2x}$,求 $y^{(2023)}$.

# 本章自测

## 一、填空题

1. 设函数 $y=f(x)$在点 $x=1$ 处可导,且$\lim\limits_{x\to 0}\dfrac{f(1)-f(1-x)}{2x}=-1$,则$f'(1)=$________.

2. 函数 $y=f(x)$在点 $x_0$ 处连续是 $y=f(x)$在点 $x_0$ 处可微的________条件.

3. 已知 $y=x(x-1)(x-2)\cdots(x-100)$,则 $y'(1)=$________.

4. 已知 $y=e^{2x}-\ln(x+1)$,则 $y^{(n)}=$________________.

5. 设函数 $y=f(x)$由方程 $y+x^2=e^{xy}+x$ 确定,则$\lim\limits_{n\to\infty}n\left[f\left(\dfrac{1}{n}\right)-1\right]=$________.

6. 曲线$\begin{cases}x=1+t\\y=t^3\end{cases}$在 $t=2$ 处的切线方程为________________.

7. 设$f(x)$在 $x=0$ 处具有连续导数,且$\lim\limits_{x\to 0}\dfrac{f'(x)}{x}=2\ 023$,则$f''(0)=$________.

8. 设函数 $y=(1+\sin x)^x$,则$dy\big|_{x=\pi}=$________.

## 二、计算题

1. 求下列函数的导数.

(1) $y=x\arcsin\dfrac{x}{2}+\sqrt{4-x^2}$;

(2) $y=(1+x)^{\frac{1}{2x}}$;

(3) $y=\dfrac{x}{2}\sqrt{a^2-x^2}+\dfrac{a^2}{2}\arcsin\dfrac{x}{a}(a>0)$;

(4) $\begin{cases}x=2+4t^3+\ln t\\y=3t+\sin 2t\end{cases}$.

2. 求下列函数的二阶导数.

(1) $y=\lim\limits_{t\to\infty}x\left(1+\dfrac{1}{t}\right)^{3xt}$;

(2) $\begin{cases}x=\ln(1+t^2)\\y=t-\arctan t\end{cases}$.

3. 如函数 $y=f(x)$满足$f(1+x)=af(x)$,且$f'(0)=b$(常数 $a,b\neq 0$),求$f'(1)$.

4. 已知函数 $F(x)=\begin{cases}\dfrac{f(x)-3\sin x}{x}, & x\neq 0\\ a, & x=0\end{cases}$ 在 $x=0$ 处连续,其中函数$f(x)$在 $x=0$ 处具有

连续导数，且 $f(0)=0, f'(0)=\sqrt{2}$，求常数 $a$ 的值.

5. 已知函数 $g(x)$ 可导，且 $g(xy)=x+y$，求 $\frac{dy}{dx}$.

6. 设曲线 $y=y(x)$ 由方程 $y-xe^{y}=1$ 确定，求：

(1) 此曲线在 $x=0$ 处的切线和法线方程；

(2) $\left.\frac{d^2y}{dx^2}\right|_{x=0}$.

7. 设 $y=f(x)$ 由 $\begin{cases}x=t^2+2t\\ t^2-y+a\sin y=1\end{cases}$，$t\geqslant -1$ 确定，若 $y(0)=b$，求 $\left.\frac{d^2y}{dx^2}\right|_{x=0}$.

8. 设函数 $g(x)=(x^2-1)^n$，求 $g^{(n+1)}(-1)$.

9. 设 $f(x)$ 可微，$y=x^{\sin x}+f(\tan x^2)$，求 $dy$.

10. 利用微分计算 $\sin 30°30'$ 的近似值.

**三、分析讨论题**

1. 已知函数 $f(x)$ 在 $x=x_0$ 处连续，且 $\lim\limits_{x\to x_0}\frac{f(x)}{x-x_0}=A$，问 $f'(x_0)$ 是否存在，请说明理由.

2. 已知函数 $f(x)=\begin{cases}g(x)\cos\frac{1}{x}, & x\neq 0\\ 0, & x=0\end{cases}$，且函数 $g(x)$ 满足 $g(0)=0, g'(0)=0$，试讨论 $f(x)$ 在 $x=0$ 处的连续性与可导性；若可导，请求出 $f'(0)$.

3. 若 $\lim\limits_{h\to 0}\frac{f(x_0+h)-f(x_0-h)}{h}$ 存在，能不能说明 $f(x)$ 在 $x=x_0$ 处可导.

4. 若当 $x\in(-\delta,\delta)$ 时，恒有 $|f(x)|\leqslant x^2$，试分析 $f(x)$ 在 $x=0$ 处是否可导.

**四、证明题**

1. 设 $f(x)$ 在 $[a,b]$ 上连续，$f(a)=f(b)=0$ 且 $f'_+(a)<0, f'_-(b)<0$，证明：存在 $\xi\in(a,b)$，使得 $f(\xi)=0$.

## 答案

**一、填空题**

1. $-2$.

2. 必要.

3. $-99!$.

4. $2^n e^{2x}-\frac{(-1)^{n-1}(n-1)!}{(x+1)^n}$.

5. 2.

6. $12x-y-28=0$.

7. 2 023.

8. $-\pi dx$.

**二、计算题**

1. (1) $\arcsin\frac{x}{2}$；(2) $\frac{1}{2x}(1+x)^{\frac{1}{2x}}\left[\frac{1}{1+x}-\frac{\ln(1+x)}{x}\right]$；(3) $\sqrt{a^2-x^2}$；(4) $\frac{3t+2t\cos 2t}{12t^3+1}$.

2. (1) $e^{3x}(6+9x)$；(2) $\frac{1+t^2}{4t}$.

3. $ab$.

4. $\sqrt{2}-3$.

5. $\frac{1-yg'(xy)}{xg'(xy)-1}$.

6. (1) 切线方程：$y=1+ex$，法线方程：$y=1-\frac{1}{e}x$；(2) $\left.\frac{d^2y}{dx^2}\right|_{x=0}=2e^2$.

7. $\frac{1}{2(1-a\cos b)}$.

8. $(n+1)!\ (-2)^{n-1}n$.（提示：$g(x)=(x^2-1)^n=(x+1)^n(x-1)^n$，令 $u(x)=(x+1)^n$，$v(x)=(x-1)^n$，利用莱布尼茨公式来求 $g^{(n+1)}(x)$ 即可.）

9. $dy=\left[x^{\sin x}\left(\cos x\ln x+\frac{\sin x}{x}\right)+2x\sec^2x^2\cdot f'(\tan x^2)\right]dx$.

10. $\frac{1}{2}+\frac{\sqrt{3}}{2}\cdot\frac{\pi}{360}$.

**三、分析讨论题**

1. $f'(x_0)$存在，理由如下：

由$\lim\limits_{x\to x_0}\frac{f(x)}{x-x_0}=A$ 可知：$\lim\limits_{x\to x_0}f(x)=0$，又函数$f(x)$在 $x=x_0$ 处连续，故$f(x_0)=\lim\limits_{x\to x_0}f(x)=0$，因此$f'(x_0)=\lim\limits_{x\to x_0}\frac{f(x)-f(x_0)}{x-x_0}=A$.

2. (1)$f(x)$在 $x=0$ 处连续，理由如下：

由 $g(0)=0$，$g'(0)=0$ 可知 $g(x)$ 在 $x=0$ 处连续，即$\lim\limits_{x\to 0}g(x)=g(0)=0$，故

$$\lim_{x\to 0}f(x)=\lim_{x\to 0}g(x)\cos\frac{1}{x}=0=f(0)$$

因此$f(x)$在 $x=0$ 处连续.

(2)$f(x)$在 $x=0$ 处可导，理由如下：

由 $g'(0)=\lim\limits_{x\to 0}\frac{g(x)-g(0)}{x-0}=\lim\limits_{x\to 0}\frac{g(x)}{x}=0$ 可知

$$f'(0)=\lim_{x\to 0}\frac{f(x)-f(0)}{x-0}=\lim_{x\to 0}\frac{g(x)\cos\frac{1}{x}}{x}=\lim_{x\to 0}\frac{g(x)}{x}\cos\frac{1}{x}=0$$

因此 $f(x)$ 在 $x=0$ 处可导，且 $f'(0)=0$.

3. 不能.

如：函数 $f(x)=|x|$ 在 $x=0$ 处有 $\lim\limits_{h\to0}\dfrac{f(0+h)-f(0-h)}{h}=0$ 存在，但是 $f(x)=|x|$ 在 $x=0$ 处不可导，因为

$$f'_-(0)=\lim_{x\to0^-}\frac{f(x)-f(0)}{x-0}=-1\neq f'_+(0)=\lim_{x\to0^+}\frac{f(x)-f(0)}{x-0}=1$$

4. $f(x)$ 在 $x=0$ 处可导，理由如下：由于当 $x\in(-\delta,\delta)$ 时，恒有 $|f(x)|\leqslant x^2$，所以 $f(0)=0$，故

$$f'(0)=\lim_{x\to0}\frac{f(x)-f(0)}{x-0}=\lim_{x\to0}\frac{f(x)}{x}$$

又 $0\leqslant\left|\dfrac{f(x)}{x}\right|\leqslant x$，由夹逼准则可知 $\lim\limits_{x\to0}\left|\dfrac{f(x)}{x}\right|=0$，即 $\lim\limits_{x\to0}\dfrac{f(x)}{x}=0$. 因此，$f(x)$ 在 $x=0$ 处可导，且 $f'(0)=0$.

**四、证明题**

1. 提示：证明连续函数中间值问题. 从已知条件出发，根据导数的定义，再结合极限的保号性，寻找区间 $(a,b)$ 上满足 $f(x_1)f(x_2)<0$ 的两点 $x_1$、$x_2$，再在区间 $[x_1,x_2]$ 上利用零点定理即可证明.

# 第三章　微分中值定理与导数的应用

## 第一节　微分中值定理

### 学习目标

1. 了解微分中值定理是利用函数导数讨论函数性质的理论基础.

2. 理解罗尔定理及其几何意义;理解罗尔定理证明过程中的费马引理;会利用罗尔定理讨论方程根的存在性.

3. 理解拉格朗日中值定理、几何意义,及其与罗尔定理的关系,以及其将函数与函数导数联系起来的重要意义.

4. 会利用拉格朗日中值定理证明恒等式、不等式以及中间值问题.

5. 理解柯西中值定理及其与拉格朗日中值定理的关系.

### 学习资料

资源 1

**(一)教材范围**

《高等数学》同济大学 第八版 上册 第 122~129 页

**(二)线上资源**

**资源 1**　卢玉峰.微分中值定理历史与发展[J].高等数学研究,2008(5):59-63

**(三)相关实际或军事问题**

实例 1

**实例 1**　路程与时间的关系:假设小明从家里到学校的路程是 100 km,他开车的平均速度是 50 km/h.根据拉格朗日中值定理,一定存在某个时刻的瞬时速度与他在整个路程上的平均速度是相等的.即一定存在他在某个时刻的瞬时速度是 50 km/h.

### 预习问题

1. 费马引理是什么?

2. 罗尔定理的条件和结论是什么? 利用其讨论方程根的存在性与利用零点定理讨论有哪些区别?

3. 拉格朗日定理的条件和结论是什么? 与罗尔定理有什么关系? 其几何意义是什么?

4. 柯西中值定理的条件和结论是什么?

## 练习题

### (一)基础练习

1. 不用求出函数 $f(x)=(x-1)(x-2)(x-3)(x-4)$ 的导数,说明方程 $f'(x)=0$ 有几个实根,并指出它们所在的区间.

2. 设函数 $f(x)$ 在 $[a,b]$ 上连续,在 $(a,b)$ 内可导,证明:存在 $\xi\in(a,b)$,使

$$f'(\xi)=\frac{f(b)-f(a)}{b-a}$$

3. 设 $0<b<a$,证明:$\frac{a-b}{a}<\ln\frac{a}{b}<\frac{a-b}{b}$.

### (二)能力提升

1. 设函数 $f(x)$ 在 $[a,b]$ 上连续,在 $(a,b)$ 内可导,且 $f(a)=f(b)=0$,证明:存在 $\xi\in(a,b)$,使 $f(\xi)+\xi f'(\xi)=0$.

2. 证明:若函数 $f(x)$ 在 $(-\infty,+\infty)$ 内满足关系式 $f'(x)=f(x)$,且 $f(0)=1$,则 $f(x)=\mathrm{e}^x$.

3. 设函数 $f(x)$ 在闭区间 $[0,3]$ 上连续,在开区间 $(0,3)$ 内可导,且 $f(0)+f(1)+f(2)=3$,$f(3)=1$. 证明:存在 $\xi\in(0,3)$,使 $f'(\xi)=0$.

## 答案

### (一)基础练习

1. 3 个,$(1,2)$,$(2,3)$,$(3,4)$.

2. 用罗尔定理证明,作辅助函数 $F(x)=f(x)-\frac{f(b)-f(a)}{b-a}x$.

3. 用拉格朗日中值定理证明,令 $f(x)=\ln x$.

### (二)能力提升

1. 提示:取辅助函数 $F(x)=xf(x)$.

2. 提示:取辅助函数 $F(x)=\frac{f(x)}{\mathrm{e}^x}$.

3. 提示:将结论转化为证明方程根的存在性,利用条件寻找 $\xi_1\in(0,3)$,使得 $f(\xi_1)=1$.

能力提升
第 1 题讲解视频

能力提升
第 2 题讲解视频

能力提升
第 3 题讲解视频

# 第二节　洛必达法则

## 学习目标

1. 知道洛必达法则是柯西中值定理的应用，是计算极限的一种方法；知道“未定式”的含义及其类型.

2. 掌握洛必达法则的使用条件；会利用洛必达法则求解$\frac{0}{0}$型或$\frac{\infty}{\infty}$型未定式的极限.

3. 会将其他形式的未定式转化为$\frac{0}{0}$型或$\frac{\infty}{\infty}$型未定式求极限.

## 学习资料

**（一）教材范围**

《高等数学》 同济大学 第八版 上册 第 129~134 页

资源 1

**（二）线上资源**

**资源 1**　龙松. 洛必达法则使用的隐蔽误区[J]. 高等数学研究，2023，26(5)：31-33

**资源 2**　洛必达法则求极限的思路方法

资源 2

## 预习问题

1. 计算极限的思路方法是什么？什么是未定式？

2. 洛必达法则的条件和结论是什么？

3. 任何$\frac{0}{0}$，$\frac{\infty}{\infty}$型极限都可以使用洛必达法则计算吗？若$\lim\frac{f'(x)}{g'(x)}$不存在，能否推出$\lim\frac{f(x)}{g(x)}$不存在？

4. 数列极限如何使用洛必达法则计算？

5. $0\cdot\infty$，$\infty-\infty$，$0^0$，$\infty^0$，$1^\infty$ 如何转化为$\frac{0}{0}$，$\frac{\infty}{\infty}$型？

6. 使用洛必达法则求极限结合哪些方法可以简化计算？

## 练习题

**（一）基础练习**

1. 求$\lim\limits_{x\to0}\frac{x-\sin x}{x^3(1+x)\cos x}=$________.

2. 求$\lim\limits_{x\to 0}\dfrac{\tan x-x}{x^2\tan x}=$________.

3. $\lim\limits_{x\to 1}\dfrac{x^3-3x+2}{x^3-x^2-x+1}=$________.

4. $\lim\limits_{x\to \infty}\dfrac{x+\sin x}{x}=$________.

5. $\lim\limits_{n\to \infty}\dfrac{\ln n}{n}=$________.

(二)能力提升

1. 求$\lim\limits_{x\to 0}\left[\dfrac{(1+x)^{\frac{1}{x}}}{\mathrm{e}}\right]^{\frac{1}{x}}$.

2. 求$\lim\limits_{x\to 0}\dfrac{\mathrm{e}^x-x-1}{x\sin x\cos 2x}$.

3. 已知$\lim\limits_{x\to 0}\dfrac{\sin 6x+xf(x)}{x^3}=0$,求$\lim\limits_{x\to 0}\dfrac{6+f(x)}{x^2}$.

## 答案

(一)基础练习

1. $\dfrac{1}{6}$.

2. $\dfrac{1}{3}$.

3. $\dfrac{3}{2}$.

4. 1.

5. 0.

(二)能力提升

1. $\mathrm{e}^{-\frac{1}{2}}$.

2. $\dfrac{1}{2}$.

3. 36.

能力提升 第 **1** 题讲解视频

能力提升 第 **2** 题讲解视频

能力提升 第 **3** 题讲解视频

# 第三节　泰勒公式

## 学习目标

1. 领悟泰勒公式的思想；了解用多项式近似表达函数的过程；理解泰勒公式是建立函数与高阶导数关系的桥梁.

2. 掌握带佩亚诺余项的泰勒公式；会求函数在一点处的泰勒公式.

3. 掌握带拉格朗日余项的泰勒公式；知道拉格朗日中值定理是其特殊情形.

4. 了解带佩亚诺余项的泰勒公式是求极限的一种方法；会利用带拉格朗日余项的泰勒公式求函数的近似值.

5. 知道麦克劳林公式是当 $x_0=0$ 时的泰勒公式；掌握 $e^x$，$\sin x$，$\cos x$，$\ln(1+x)$，$\frac{1}{1+x}$，$\frac{1}{1-x}$ 等常见的带佩亚诺余项的麦克劳林公式.

6. 会利用泰勒公式讨论高阶导数的中间值问题.

## 学习资料

### (一) 教材范围

《高等数学》 同济大学 第八版 上册 第 134~140 页

### (二) 线上资源

**资源 1**　杨雄. 泰勒公式证明及其应用探索[J]. 潍坊学院学报，2022，22(5)：4-9，34

资源 1

### (三) 相关实际或军事问题

**实例 1**　雷达是利用波瓣仰俯来测定仰角的，假定测定的仰角为 $x=\frac{3}{10}\pi$，雷达测得目标的距离为 $s=20$ km，那么如何求出所测目标的高度呢？

**实例 2**　计算无理数 e 的近似值.

## 预习问题

1. 什么是多项式函数？其一般表达式是怎样的？

2. 带佩亚诺余项、拉格朗日余项的泰勒公式分别是什么？

3. 带佩亚诺余项、拉格朗日余项的麦克劳林公式分别是什么？

4. 请写出 $e^x$，$\sin x$，$\cos x$，$\ln(1+x)$，$\frac{1}{1+x}$，$\frac{1}{1-x}$ 的带佩亚诺余项的麦克劳林公式. 如何求一般函数的麦克劳林公式、泰勒公式？

## 练习题

### (一)基础练习

1. 按 $x-4$ 的幂展开多项式 $f(x)=x^4-5x^3+x^2-3x+4$.

2. 求 $\lim\limits_{x\to0}\dfrac{\sin x-x\cos x}{\sin^3 x}$.

3. 求 $\lim\limits_{x\to0}\dfrac{[\sin x-\sin(\sin x)]\sin x}{x^4}$.

### (二)能力提升

1. 设 $f(x)$ 在原点附近二阶可导,且 $\lim\limits_{x\to0}\left[\dfrac{\sin 3x}{x^3}+\dfrac{f(x)}{x^2}\right]=0$,求 $f(0)$、$f'(0)$、$f''(0)$,并计算极限 $\lim\limits_{x\to0}\left[\dfrac{3}{x^2}+\dfrac{f(x)}{x^2}\right]$.

2. 利用泰勒公式计算下列极限.

(1) $\lim\limits_{x\to0}\dfrac{\cos x-\mathrm{e}^{-\frac{x^2}{2}}}{x^2[x+\ln(1-x)]}$;

(2) $\lim\limits_{x\to0}\dfrac{1+\frac{1}{2}x^2-\sqrt{1+x^2}}{(\cos x-\mathrm{e}^{x^2})\sin x^2}$.

## 答案

### (一)基础练习

1. $f(x)=-56+21(x-4)+37(x-4)^2+11(x-4)^3+(x-4)^4$.

2. $\dfrac{1}{3}$.

3. $\dfrac{1}{6}$.

### (二)能力提升

1. $-3,0,9,\dfrac{9}{2}$.

2. (1) $\dfrac{1}{6}$;(2) $-\dfrac{1}{12}$.

能力提升
第 1 题讲解视频

能力提升
第 2 题讲解视频

# 第四节 函数的单调性与曲线的凹凸性

## 学习目标

1. 知道函数的单调性是对函数变化趋势的刻画;了解其在实际问题中的意义.

2. 掌握单调性的定义;会利用一阶导数的符号判断函数的单调性及单调区间.

3. 知道曲线的凹凸性刻画曲线弯曲朝向;理解函数曲线凹凸性的定义;会判断曲线的凹凸性及凹凸区间.

4. 掌握拐点的定义;会求函数曲线的拐点.

5. 会利用单调性、凹凸性证明不等式.

## 学习资料

### (一)教材范围

《高等数学》 同济大学 第八版 上册 第 140~148 页

### (二)线上资源

**资源 1** 燕列雅,王军秋,赵君平. 利用曲线的凹凸性证明定积分不等式[J]. 高等数学研究,2018,21(6):26-27

资源 1

### (三)相关实际或军事问题

**实例 1** 物体的运动问题:在物理学中,我们经常研究物体的运动. 如果物体的位移随时间的增加而增加,那么位移函数就是单调递增的. 加速度是速度关于时间的导数,如果加速度是正值,速度函数就是单调递增的.

## 预习问题

1. 函数的单调性定义是什么? 如何判断函数在某一区间上的单调性? 如何求单调区间?

2. 什么是曲线的凹凸性? 如何判断函数曲线在某一区间上的凹凸性? 如何求凹凸区间?

3. 什么是曲线的拐点? 如何求函数曲线的拐点?

## 练习题

### (一)基础练习

1. 判定函数 $f(x)=x-\sin x$ 在 $(-\infty,+\infty)$ 上的单调性.

2. 证明 $\frac{x}{1+x}<\ln(1+x)<x, x>0$.

3. 求函数 $y=xe^{-x}$ 图像的拐点及凹凸区间.

### (二)能力提升

1. 讨论方程 $\ln x=ax(a>0)$ 有几个实根?
2. 利用函数图像的凹凸性证明以下不等式:

$$x\ln x+y\ln y>(x+y)\ln\frac{x+y}{2}(x>0,y>0,x\neq y)$$

## 答案

### (一)基础练习

1. 在 $(-\infty,+\infty)$ 上严格单调递增.
2. 方法一:利用拉格朗日中值定理,构造函数 $F(t)=\ln(1+t)$,$t\in[0,x]$.

方法二:构造函数 $F(t)=\dfrac{t}{1+t}-\ln(1+t)$,$t\in[0,x]$,证明 $F(x)<F(0)$ 即可.

3. 拐点 $\left(2,\dfrac{2}{e^2}\right)$,在 $(-\infty,2]$ 内是凸的,在 $[2,+\infty)$ 内是凹的.

### (二)能力提升

1. 当 $a>\dfrac{1}{e}$ 时,没有实根;当 $0<a<\dfrac{1}{e}$ 时,有两个实根;当 $a=\dfrac{1}{e}$ 时,只有 $x=e$ 一个实根.
2. 提示:构造函数 $F(x)=x\ln x$,$x>0$.

能力提升
**第 1 题讲解视频**

能力提升
**第 2 题讲解视频**

# 第五节 函数的极值与最值

## 学习目标

1. 理解函数最值的定义、闭区间上连续函数最值存在性定理及取到最值的情况.
2. 掌握函数极值的定义、极值存在的必要条件和充分条件.
3. 掌握极值和最值的区别与联系.
4. 会运用极值与最值解决实际应用问题.

## 学习资料

### (一)教材范围

《高等数学》同济大学 第八版 上册 第149~159页

### (二)线上资源

资源1

**资源1** 阮小军.关于函数极值求解的注记[J].数学学习与研究,2020(8):13

### (三)相关实际或军事问题

实例1

**实例1** 假如你是一名救生员,在海边看到了一名疑似溺水者正奋力扑腾.作为一名负责任的救生员,你肯定想用最短的时间实施营救,参考阅读资料思考最短需要多少时间.

## 预习问题

1. 什么是函数的极值?
2. 函数在一点处取极值的必要条件是什么?充分条件是什么?
3. 函数取极值的充分条件是什么?
4. 求极值的思路是什么,如何实现?
5. 求最值的方法是什么?

## 练习题

### (一)基础练习

1. 如果$\lim\limits_{x\to x_0}\dfrac{f(x)-f(x_0)}{(x-x_0)^2}=-1$,则(　　)

A. $f(x)$在$x_0$处不可导.

B. $f(x)$在$x_0$处可导,但$f'(x_0)\neq 0$.

C. $f(x)$在$x_0$处可导且$f'(x_0)=0$,$f(x_0)$为极小值.

D. $f(x)$在$x_0$处可导且$f'(x_0)=0$,$f(x_0)$为极大值.

2. 要造一圆柱形油罐,体积为$V$.油罐底半径$r$和高$h$各等于多少时,才能使表面积最小?

3. 求函数$y=2x^3-6x^2-18x-7$在$[1,4]$上的最大值,以及在何处取得最大值.

### (二)能力提升

1. 假设某工厂生产某产品$x$千件的成本$C(x)=x^3-6x^2+15x$,售出该产品$x$千件的收入是$r(x)=9x$.是否存在一个可能取得最大利润的生产水平?如果存在,请找出这个生产水平.

2. 设函数$f(x)$在$x_0$处有$n$阶导数,且$f'(x_0)=f''(x_0)=\cdots=f^{(n-1)}(x_0)=0$,$f^{(n)}(x_0)\neq 0$,证明:

(1)当 $n$ 为奇数时,$f(x)$ 在 $x_0$ 处不能取得极值;

(2)当 $n$ 为偶数时,$f(x)$ 在 $x_0$ 处取得极值,且当 $f^{(n)}(x_0)<0$ 时,$f(x_0)$ 为极大值,当 $f^{(n)}(x_0)>0$ 时,$f(x_0)$ 为极小值.

## 答案

### (一)基础练习

1. D.

2. $r=\sqrt[3]{\dfrac{V}{2\pi}}$,$h=2\sqrt[3]{\dfrac{V}{2\pi}}$.

3. 函数在 $x=1$ 处取得最大值,且最大值为 $y|_{x=1}=-29$.

### (二)能力提升

1. 在 $x=3.414$ 处达到最大利润,而在 $x=0.586$ 处发生局部最大亏损.

2. 提示:利用带佩亚诺余项的泰勒公式证明.

能力提升
第 1 题讲解视频

能力提升
第 2 题讲解视频

# 第六节 函数图形的描绘

## 学习目标

1. 领悟数形结合的意义;掌握函数作图的方法;会描绘简单函数的图形.

2. 掌握渐近线的求法.

## 学习资料

### (一)教材范围

《高等数学》 同济大学 第八版 上册 第 159~164 页

### (二)线上资源

**资源 1** 渐近线的求法

资源 1

### (三)相关实际或军事问题

**实例 1** 描绘射弹散布概率密度函数 $y=\dfrac{1}{\sqrt{2\pi}}\mathrm{e}^{-\frac{x^2}{2}}$ 的图形.

## 预习问题

1. 中学阶段函数图形是怎样描绘的?存在哪些不足?

2. 怎样找关键的点?利用什么判断函数的单调性、凹凸性?

3. 函数图形有哪几种渐近线,怎样求解?

## 练习题

### (一)基础练习

1. 求 $y=\dfrac{\sin x}{x(x-1)}$的铅直渐近线.

2. 求 $y=\dfrac{x^3}{1+x^2}$的斜渐近线.

### (二)能力提升

1. 描绘函数$f(x)=\dfrac{4(x+1)}{x^2}-2$的图像.

## 答案

### (一)基础练习

1. 当 $x=1$ 时,$\lim\limits_{x\to 1}f(x)=\infty$,故 $x=1$ 为其铅直渐近线.

2. $\lim\limits_{x\to\infty}\dfrac{f(x)}{x}=\lim\limits_{x\to\infty}\dfrac{\frac{x^3}{1+x^2}}{x}=1=k$,$\lim\limits_{x\to\infty}[f(x)-kx]=\lim\limits_{x\to\infty}\left(\dfrac{x^3}{1+x^2}-x\right)=0=b$,故 $y=x$ 为其斜渐近线.

### (二)能力提升

1. 函数图像如图 3-1 所示.

能力提升

第 1 题讲解视频

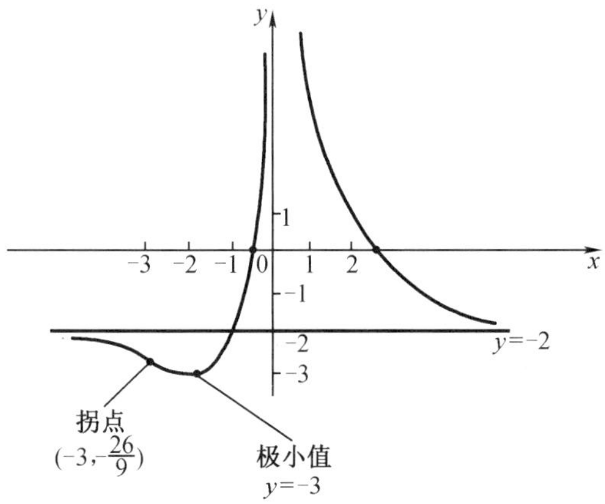


图 3-1　函数图像

# 第七节 曲　　率

## 学习目标

1. 知道曲率是刻画曲线弯曲程度的量;了解曲率公式的推导过程.
2. 掌握弧微分的概念、曲率和曲率半径的概念.
3. 会计算函数在某一点处的曲率和曲率半径;能应用曲率解决相关问题.

## 学习资料

### (一)教材范围

《高等数学》 同济大学 第八版 上册 第164~172页

### (二)线上资源

资源1

**资源1** 郑利凯. 平面曲线曲率计算公式的探讨[J]. 河北北方学院学报(自然科学版),2012,28(5):20-21,30

### (三)相关实际或军事问题

**实例1** 步战车连同载重共5 t,在抛物线形拱桥上行驶,速度为21.6 km/h,桥的跨度为10 m,拱的矢高为0.25 m,求步战车通过桥顶时对桥的压力.

**实例2** 肖春昱,田师峤,罗湘萍,等. 轨道曲率预瞄算法及空间几何滞后机理分析[J]. 机械工程学报,2023,59(10):301-310.

## 预习问题

1. 影响平面曲线弯曲程度的因素有哪些? 如何求曲线在一点处的曲率?
2. 如何求曲率圆与曲率半径? 有什么意义?

## 练习题

### (一)基础练习

1. 计算双曲线 $xy=1$ 在点$(1,1)$处的曲率.

2. 求圆滚线$\begin{cases}x=a(t-\sin t)\\y=a(1-\cos t)\end{cases}$ $(a>0)$上点$(\pi a,2a)$处的曲率.

3. 设工件内表面的截线为抛物线 $y=0.4x^2$,现要用砂轮磨削其内表面,用直径多大的砂轮比较合适?

### (二)能力提升

1. 抛物线 $y=ax^2+bx+c$ 上哪一点处的曲率最大?

2. 一飞机沿抛物线路径 $y=\frac{x^2}{10\ 000}$（$y$ 轴铅直向上，单位为 m）做俯冲飞行. 在坐标原点 $O$ 处飞机的速度为 $v=200$ m/s. 飞行员体重 $G=70$ kg，求当飞机俯冲至最低点，即原点 $O$ 处时座椅对飞行员的压力.

## 答案

### (一) 基础练习

1. $\frac{\sqrt{2}}{2}$.

2. $\frac{1}{4a}$.

3. 直径不得超过 2.5 个单位长.

### (二) 能力提升

能力提升
第 1 题讲解视频

1. 由 $y=ax^2+bx+c$ 得 $y'=2ax+b$，$y''=2a$，代入曲率公式得 $K=\frac{|2a|}{[1+(2ax+b)^2]^{\frac{3}{2}}}$. 显然当 $2ax+b=0$，即 $x=-\frac{b}{2a}$时曲率最大，此时 $x=-\frac{b}{2a}$ 所对应的点即为抛物线的顶点. 因此抛物线在顶点处的曲率最大，最大曲率为 $K=|2a|$.

2. 约 1 246 N.

# 本 章 小 结

## 知识框架

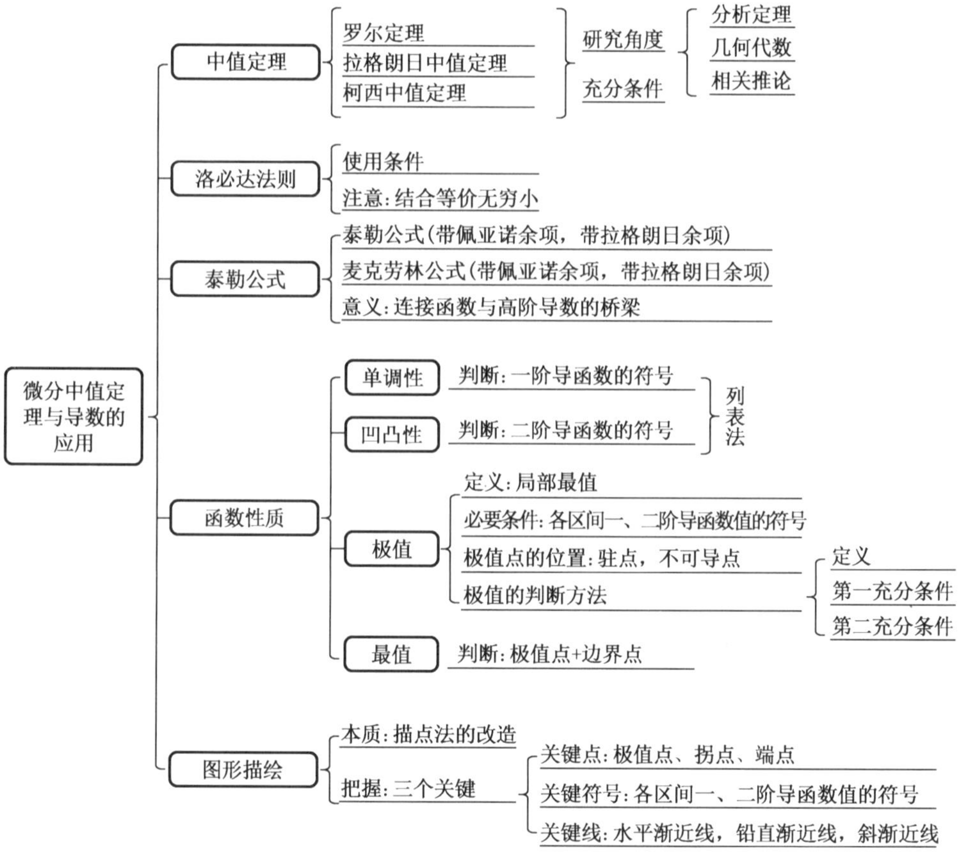


## 概念方法问题梳理

上一章讨论了导数与微分. 这一章先引出三个微分中值定理,再以此作为理论基础,继续研究函数的极限及函数的性质. 这一章内容较多且有难度,需要认真思考领悟以下问题:

概念方法问题梳理

**问题一**　曲线上平行于 $x$ 轴的切线或使函数 $f(x)$ 的导数为零的点,即存在 $\xi$ 属于定义域,使 $f'(\xi)=0$ 有什么意义?

**问题二**　罗尔定理的条件是什么?结论是什么?其几何含义与代数意义分别是什么?证明该定理的核心思想是什么?

**问题三**　拉格朗日中值定理的条件是什么?结论是什么?其几何含义是什么?该定理的本质是什么?如何构造辅助函数来证明该定理?

**问题四**　柯西中值定理的条件是什么?结论是什么?怎么证明?三个中值定理的关

系是什么？为什么？

**问题五** 洛必达法则的内容是什么？利用该法则来求极限，其特点是什么？与前面所学的求极限方法有什么不同？该法则的三个条件如何判断？

**问题六** 泰勒公式事实上是一种想法、两个定理、四种表现形式，请将其表示出来. 泰勒公式的本质是什么？为什么说泰勒公式常用于阶的估计？利用泰勒公式求极限，其特点是什么？

**问题七** 函数的单调性及凹凸性、函数的最值一定要有函数可导的条件吗？单调性与凹凸性表示了曲线的什么性态？用简洁的语言归纳出利用导数判断函数单调性、凹凸性的方法.

**问题八** 从概念上看，函数的极值与最值有什么不同？函数取极值的必要条件是什么？举例说明其逆命题不成立. 但逆命题给出了求极值的思路，为什么？判断函数取极值的三种方法是什么？

**问题九** 利用拉格朗日中值定理、单调性及极值、最值证明不等式的共性是什么？区别在哪里？

**问题十** 请尽可能多地给出军事上关于最值问题的实例.

**问题十一** 函数图形的描绘有什么意义？请归纳出描绘函数图形的思路方法.

**问题十二** 曲率表示函数对应曲线的什么性态？引出弧微分的目的是什么？写出求曲率、求曲率半径的公式. 引出曲率圆有什么意义？

### 难点、疑点问题

**问题一** 为什么说微分中值定理是研究函数性态的理论基础？

**问题二** 证明导函数中间值存在问题，举例说明.

**问题三** 不等式证明，举例说明.

**问题四** 函数图形描绘问题.

## 本章练习

本章练习讲解

1. 设 $f(x)$ 在 $[0,1]$ 上连续，在 $(0,1)$ 内可导，且 $f(1)=1$，$f(0)=0$，求证：$\exists\xi\in(0,1)$，使得 $f'(\xi)=1$.

2. 设 $f(x)$ 在 $[0,1]$ 上连续，在 $(0,1)$ 内可导，且 $f(1)=f(0)=0$，$f\left(\dfrac{1}{2}\right)=1$，求证：$\exists\xi\in(0,1)$，使得 $f'(\xi)=1$.

3. 若函数 $f(x)$ 在 $[a,b]$ 上可导 $(0<a<b)$，求证：$\exists\xi\in(a,b)$，使得

$$f(b)-f(a)=\xi f'(\xi)\ln\frac{b}{a}$$

4. 若 $f(x)$ 在 $[0,1]$ 上有三阶导数，且 $f(0)=f(1)=0$，设 $F(x)=f(x)x^3$，证明：在 $(0,1)$ 内

至少存在一个 $\xi$,使得 $F'''(\xi)=0$.

5. 证明不等式:$\frac{1}{1+x}<\ln(x+1)-\ln x<\frac{1}{x}\ (x>0)$.

6. 证明不等式:$\ln(x+1)>\frac{\arctan x}{x+1}\ (x>0)$.

7. 求极限:$\lim\limits_{x\to0^+}x^{\sin x}$.

8. 求极限:$\lim\limits_{x\to0}\frac{x^2\sin\frac{1}{x}}{\sin x}$.

9. 求极限:$\lim\limits_{x\to0}\frac{e^{x^2}-x\ln(1+x)-1}{x-\sin x}$.

10. 求 $y=(x-1)\sqrt[3]{x^2}$ 的单调区间、极值、凹凸区间及拐点.

11. 求函数 $y=\frac{\sqrt[3]{(x-1)^2}}{x+3}$ 在闭区间$[0,2]$上的最大值、最小值,并指出最大值、最小值点.

# 本 章 自 测

## 一、填空题

1. 拉格朗日中值定理是指:如果在$[a,b]$上满足两个条件:①____________,②____________,则________________________.

2. $f(x)$在点 $x_0$ 的某个邻域内具有三阶导数,写出 $f(x)$ 在 $x_0$ 处带拉格朗日余项的二阶泰勒公式________________________.

3. 在高等数学中,刻画曲线弯曲程度的量称为________. 设曲线的方程 $y=f(x)$ 具有二阶导数,此时该量可表示为________.

4. $y=\frac{1}{1+x}$的 $n$ 阶麦克劳林公式为________________________.

5. 设函数 $f(x)$在$[0,1]$上有 $f''(x)>0$,则 $f'(0)$, $f'(1)$, $f(1)-f(0)$ 按从小到大的顺序排序为________________.

6. 带佩亚诺余项的泰勒公式要求函数 $f(x)$________________,带拉格朗日余项的泰勒公式要求函数 $f(x)$________________.

## 二、计算题

1. 计算下列极限.

(1) $\lim\limits_{x\to0}\frac{\sin x-x\cos x}{x(\cos x-1)}$;

(2) $\lim\limits_{x\to0^+}(\cot x)^{\tan x}$;

(3) $\lim\limits_{x\to 1}\left(\dfrac{x}{x-1}-\dfrac{1}{\ln x}\right)$.

2. 函数 $y=f(x)$ 在 $x=x_0$ 处的二阶导数 $f''(x_0)$ 存在，求

$$\lim_{h\to 0}\frac{f(x_0+h)+f(x_0-h)-2f(x_0)}{h^2}$$

3. 设函数 $y=\dfrac{x}{(x-1)^2}$，求函数的单调区间和极值、凹凸区间和拐点、渐近线.

4. 设函数 $f(x)$ 在原点附近二阶可导，且 $\lim\limits_{x\to 0}\dfrac{\sin 6x+xf(x)}{x^3}=0$，求 $f(0)$，$f'(0)$，$f''(0)$，并计算极限 $\lim\limits_{x\to 0}\dfrac{6+f(x)}{x^2}$.

5. 比较 $e^{\pi}$ 与 $\pi^{e}$ 的大小.

6. 已知矩形的周长为 24，将它绕一边旋转而构成一立体. 问：矩形的长、宽各为多少时，所得的立体体积最大.

**三、分析讨论题**

1. 设 $f(x)$ 在 $x=x_0$ 的某邻域内有定义，又 $\lim\limits_{x\to x_0}\dfrac{f(x)-f(x_0)}{(x-x_0)^4}=2$，则 $f(x)$ 在 $x=x_0$ 处取极小值. 有同学这样证明：

由洛必达法则可知 $\lim\limits_{x\to x_0}\dfrac{f'(x)}{4(x-x_0)^3}=2$，由 $x\to x_0$ 得 $\lim\limits_{x\to x_0}f'(x)=0$，即 $f'(x_0)=0$，所以 $x_0$ 为 $f(x)$ 的驻点. 又由极限的保号性知，存在 $x_0$ 的某邻域，使 $\dfrac{f'(x)}{4(x-x_0)^3}>0$，即 $\dfrac{f'(x)}{(x-x_0)^3}>0$. 这样在该邻域内，$x_0$ 的左右两侧 $f'(x)$ 异号，所以 $x_0$ 为 $f(x)$ 的极小值点.

你认为该同学的证明方法对吗？如果不正确，请说明理由并给出正确方法.

2. 设 $f(x)=g(x)h(x)$，其中 $g(x)=(x-a)^3$，$h(x)$ 有二阶连续导数，$h(a)=\dfrac{1}{2}$，讨论三阶导数 $f'''(a)$ 的存在性. 若 $f'''(a)$ 不存在，请说明理由；若 $f'''(a)$ 存在，请求出其值.

**四、证明题**

1. 设 $f(x)$ 在 $[0,1]$ 上连续，在 $(0,1)$ 内可导，$f'(x)\neq 0$ 且 $f(0)=0$，$f(1)=1$. 对任意给定的正数 $a$ 与 $b$，证明：

(1) 存在 $c\in(0,1)$，使得 $f(c)=\dfrac{a}{a+b}$；

(2) 在 $(0,1)$ 内必存在不相等的 $\xi$、$\eta$，使得 $\dfrac{a}{f'(\xi)}+\dfrac{b}{f'(\eta)}=a+b$.

2. 设 $f(x)$ 在 $[a,b]$ 上连续，在 $(a,b)$ 内可导，且有 $f(a)f(b)>0$，$f(a)f\left(\dfrac{a+b}{2}\right)<0$. 证明：对任意 $k\in\mathbf{R}$，存在 $\xi\in(a,b)$，使得 $f'(\xi)=kf(\xi)$.

3. 设 $f(x)$ 在 $[1,2]$ 上可导，证明：存在 $\xi\in(1,2)$，使得 $f(2)-2f(1)=\xi f'(\xi)-f(\xi)$ 成立.

4. 设 $f(x)$ 在 $[0,1]$ 上连续，在 $(0,1)$ 内可导，且满足 $f(1)=0$，证明：存在 $\xi\in(0,1)$，使得

$$f'(\xi)=-\frac{2\,023f(\xi)}{\xi}$$

成立.

5. 设 $f(x)$ 在 $[0,1]$ 上连续，在 $(0,1)$ 内可导，且 $f(0)=0, f(1)=1$，证明：

(1) 在开区间 $(0,1)$ 内至少存在一点 $\xi$，使得 $f(\xi)=1-\xi$；

(2) 存在 $\eta,\mu\in(0,1)$ 且 $\eta\neq\mu$，使得 $f'(\eta)f'(\mu)=1$.

6. 试证：当 $x>0$ 时，$(x^2-1)\ln x\geqslant(x-1)^2$.

7. 设 $f(x)$ 在 $[a,b]$ 上连续，在 $(a,b)$ 内可导，$f(b)=1$，且存在 $a<c<b$，满足 $f(a)+f(c)=2$，证明：存在 $\xi\in(a,b)$，使得 $f'(\xi)=0$.

8. 设 $f(x)$ 在 $[a,b]$ 上具有二阶导数，且 $f(a)=f(b)=0, f'(a)f'(b)>0$，证明：存在 $\xi\in(a,b)$ 和 $\eta\in(a,b)$，使得 $f(\xi)=0, f''(\eta)=0$.

9. 设 $f(x)$ 在 $[a,b]$ 上连续，在 $(a,b)$ 内可导，且 $f'(x)\neq0$，证明：存在 $\xi,\eta\in(a,b)$，使得

$$\frac{f'(\xi)}{f'(\eta)}=\frac{e^b-e^a}{b-a}e^{-\eta}$$

10. 设 $f''(x)<0, f(0)=0$，证明：对任意 $x_1>0, x_2>0$，有 $f(x_1+x_2)<f(x_1)+f(x_2)$.

## 答案

### 一、填空题

1. ① $f(x)$ 在 $[a,b]$ 上连续；② $f(x)$ 在 $(a,b)$ 内可导；存在 $\xi\in(a,b)$，使得

$$f'(\xi)=\frac{f(b)-f(a)}{b-a}$$

2. $f(x)=f(x_0)+f'(x_0)(x-x_0)+\dfrac{f''(x_0)}{2!}(x-x_0)^2+\dfrac{f'''(\xi)}{3!}(x-x_0)^3$，其中 $\xi$ 介于 $x$ 与 $x_0$ 之间.

3. 曲率，$K=\dfrac{|y''|}{(1+y'^2)^{\frac{3}{2}}}$.

4. $\dfrac{1}{1+x}=1-x+x^2-x^3+\cdots+(-1)^nx^n+o(x^n)$ 或 $\dfrac{1}{1+x}=1-x+x^2-x^3+\cdots+(-1)^nx^n+(-1)^{n+1}\dfrac{x^{n+1}}{(1+\xi)^{n+2}}$，其中 $\xi$ 介于 0 与 $x$ 之间.

5. $f'(0)<f(1)-f(0)<f'(1)$.

6. 在 $x_0$ 处具有 $n$ 阶导数；在 $x_0$ 的某个邻域 $U(x_0)$ 内具有 $n+1$ 阶导数.

### 二、计算题

1. (1) $-\dfrac{2}{3}$；(2) 1；(3) $\dfrac{1}{2}$.

2. $f''(x_0)$.

3. $y=\dfrac{x}{(x-1)^2}$在$(-1,1)$单调增加;在$(-\infty,-1)$和$(1,+\infty)$单调减小,在$x=-1$处取极小值$f(-1)=-\dfrac{1}{4}$;

$y=\dfrac{x}{(x-1)^2}$在$(-\infty,-2)$上为凸函数;在$(-2,1)$和$(1,+\infty)$上为凹函数,拐点为$(-2,-\dfrac{2}{9})$;

$y=\dfrac{x}{(x-1)^2}$有铅直渐近线$x=1$和水平渐近线$y=0$,无斜渐近线.

4. $f(0)=-6, f'(0)=0, f''(0)=72, \lim\limits_{x\to 0}\dfrac{6+f(x)}{x^2}=36$.

(提示:可利用泰勒公式与洛必达法则相结合,或者结合导数的定义,多次利用洛必达法则.)

5. $e^{\pi}>\pi^{e}$.

6. 当矩形的长为8、宽为4时,绕宽旋转构成的立体体积最大,为$256\pi$.

**三、分析讨论题**

1. 不正确,因为不一定满足洛必达法则的条件,不能直接用洛必达法则,正确方法如下:

根据极限的保号性可知,存在$x_0$的某邻域$U(x_0)$,使$\forall x\in U(x_0)$,都有$\dfrac{f(x)-f(x_0)}{(x-x_0)^4}>0$,则$f(x)-f(x_0)>0$,即$f(x)>f(x_0)$,所以$x_0$为$f(x)$的极小值点.

2. $f'''(a)$存在,理由如下:

由于$f(x)=g(x)h(x), g(x)=(x-a)^3$,可得

$$f'(x)=3(x-a)^2h(x)+(x-a)^3h'(x)$$

$$f''(x)=6(x-a)h(x)+6(x-a)^2h'(x)+(x-a)^3h''(x)$$

所以$f''(a)=0$. 由导数的定义可知:

$$f'''(a)=\lim_{x\to a}\frac{f''(x)-f''(a)}{x-a}=\lim_{x\to a}\frac{6(x-a)h(x)+6(x-a)^2h'(x)+(x-a)^3h''(x)-0}{x-a}$$

$$=\lim_{x\to a}[6h(x)+6(x-a)h'(x)+(x-a)^2h''(x)]=6h(a)=3$$

**四、证明题**

1. (1)提示:在区间$[0,1]$上利用介值定理;

(2)提示:分别在区间$[0,c]$和$[c,1]$上利用拉格朗日中值定理.

2. 提示:由零点定理知,在区间$\left(a,\dfrac{a+b}{2}\right)$和$\left(\dfrac{a+b}{2},b\right)$内存在$f(\eta_1)=0, f(\eta_2)=0$. 令$F(x)=e^{-kx}f(x)$,在区间$[\eta_1,\eta_2]$上利用罗尔定理.

3. 提示:令 $F(x)=\dfrac{f(x)}{x}$,$G(x)=\dfrac{1}{x}$,在区间$[1,2]$上利用柯西中值定理.

4. 提示:令 $F(x)=x^{2\,023}f(x)$,在区间$[0,1]$上利用拉格朗日中值定理.

5. 提示:(1)令 $F(x)=f(x)-1+x$,在区间$[0,1]$上利用零点定理;

(2)$f(x)$分别在区间$[0,\xi]$和$[\xi,1]$上利用拉格朗日中值定理.

6. 提示:证法一,令 $\varphi(x)=\ln x-\dfrac{x-1}{x+1}(x>0)$,利用 $\varphi'(x)$的正负判断 $\varphi(x)$的单调性.

证法二,令 $\varphi(x)=(x^2-1)\ln x-(x-1)^2(x>0)$,利用 $\varphi'(x)$,$\varphi''(x)$,$\varphi'''(x)$判断 $\varphi(x)$的单调性.

7. 提示:在区间$[a,c]$上利用最值定理和介值定理可知,存在 $\eta\in[a,c]$,使得$f(\eta)=1$;在区间$[\eta,b]$上利用罗尔定理.

8. 提示:(1)根据导数的定义与极限的保号性可知,存在 $x_1\in(a,a+\delta_1)$,$x_2\in(b-\delta_2,b)$满足$f(x_1)f(x_2)<0$,所以由零点定理可知:存在 $\xi\in(x_1,x_2)\subset(a,b)$,使得$f(\xi)=0$.

(2)分别在区间$[a,\xi]$和$[\xi,b]$上利用罗尔定理可知:存在 $c_1\in(a,\xi)$,$c_2\in(\xi,b)$,使得$f'(c_1)=0$,$f'(c_2)=0$. 再在区间$[c_1,c_2]$上利用罗尔定理可知:存在 $\xi\in(a,b)$,使得$f''(\eta)=0$.

9. 提示:要证 $\dfrac{f'(\xi)}{f'(\eta)}=\dfrac{e^b-e^a}{b-a}e^{-\eta}$,即证 $f'(\xi)=\dfrac{e^b-e^a}{b-a}\dfrac{f'(\eta)}{e^\eta}$,即证 $f'(\xi)\dfrac{f(b)-f(a)}{e^b-e^a}=\dfrac{f(b)-f(a)}{b-a}\dfrac{f'(\eta)}{e^\eta}$. 只需要在$[a,b]$上分别利用拉格朗日中值定理和柯西中值定理就可证明.

10. 提示:要证$f(x_1+x_2)<f(x_1)+f(x_2)$,即证$f(x_1+x_2)-f(x_1)<f(x_2)-f(0)$. 结合拉格朗日中值定理,即证$f'(\xi_1)<f'(\xi_2)$,其中 $\xi_1\in(x_1,x_1+x_2)$,$\xi_2\in(0,x_2)$,利用$f''(x)<0$判断$f'(x)$的单调性.

# 第四章　不 定 积 分

## 第一节　不定积分的概念与性质

### 学习目标

1. 了解求不定积分与求导运算是一对互逆运算;理解原函数、不定积分的定义和性质;掌握原函数与不定积分的区别和联系.

2. 理解函数的不定积分和求导(微分)运算互逆关系.

3. 会利用不定积分的定义得到一些基本初等函数的不定积分公式.

4. 掌握基本积分公式,并会利用不定积分的性质和初等变形计算一些简单的不定积分.

### 学习资料

#### (一)教材范围

《高等数学》 同济大学 第八版 上册 第 180~189 页

#### (二)线上资源

**资源 1**　吴晓庆,李佳俞. 不定积分的性质及应用[J]. 数学学习与研究(教研版),2011(1):93-94

资源 1

#### (三)相关实际或军事问题

**实例 1**　兰切斯特第一线性定律:红方与蓝方兵团作战,假设 $B=B(t)$ 为 $t$ 时刻蓝方战斗单位数,$R=R(t)$ 为 $t$ 时刻红方战斗单位数,通过数据分析,蓝方对红方造成的杀伤率为 $\alpha$,而红方对蓝方造成的杀伤率为 $\beta$,试求红蓝双方战斗方程.

**实例 2**　对坦克的机动性进行测试,坦克由静止开始做匀加速直线运动,经过 $t$ s 后的速度为 $3t^2$ m/s. 问:(1)在 3 s 后坦克离开出发点的距离是多少?(2)坦克走完 360 m 需要多少时间?

### 预习问题

1. 对函数 $f(x)$ 求导的逆运算是什么?

2. 函数 $f(x)$ 在 $I$ 上的不定积分的记号是什么?(此记号为一个整体的记号.)

3. 不定积分的线性性质是什么，在计算中有什么作用？

4. 基本积分公式有哪些？

5. 计算不定积分的思路方法是什么？

## 练习题

### （一）基础练习

1. 函数 $f(x)$ 的一个原函数为 $\frac{1}{x}$，求函数 $f(x)$.

2. 计算下列不定积分.

（1）$\int e^x dx$；

（2）$\int \sqrt{x\sqrt{x\sqrt{x}}}\, dx$；

（3）$\int\left(2e^x + 3\sqrt{x\sqrt{x\sqrt{x}}}\right) dx$；

（4）$\int \frac{1}{\sin^2 \frac{x}{2}\cos^2 \frac{x}{2}} dx$；

（5）$\int \sec x(\sec x - \tan x) dx$；

（6）$\int \frac{\cos 2x}{\sin^2 x\cos^2 x} dx$；

（7）$\int \cot^2 x\, dx$；

（8）$\int \frac{3x^4 + 2x^2}{x^2 + 1} dx$；

（9）$\int e^x\left(1 - \frac{e^{-x}}{\sqrt{x}}\right) dx$；

（10）$\int \frac{1}{1 + \cos 2x} dx$；

（11）$\int \cos^2 \frac{x}{2} dx$；

（12）$\int (\sqrt{x} + 1)(\sqrt{x^3} - 1) dx$.

3. 证明函数 $\arcsin(2x-1)$、$\arccos(1-2x)$、$2\arctan\sqrt{\frac{x}{1-x}}$ 都是 $\frac{1}{\sqrt{x-x^2}}$ 的原函数.

4. 一曲线通过点 $(e^2,3)$，且在任一点处的切线的斜率等于该点横坐标的倒数，求该曲线的方程.

### （二）能力提升

1. 已知函数 $f(x)$ 的一个原函数为 $F(x)$，则

(1) $\frac{d}{dx}\int f(x)dx=$ ________;

(2) $d\left[\int f(x)dx\right]=$ ________;

(3) $\int F'(x)dx=$ ________;

(4) $\int dF(x)=$ ________.

2. 求 $\int\left(\frac{1}{\sin^2\frac{x}{2}\cos^2\frac{x}{2}}+\frac{2x^4+x^2+3}{x^2+1}\right)dx$.

3. 求 $\int\max\{1,x^2\}dx$.

## 答案

### (一)基础练习

1. $f(x)=-\frac{1}{x^2}$.

2. (1) $e^x+C$;

(2) $\frac{8}{5}x^{\frac{15}{8}}+C$;

(3) $2e^x+\frac{8}{5}x^{\frac{15}{8}}+C$;

(4) $-4\cot x+C$;

(5) $\tan x-\sec x+C$;

(6) $-(\cot x+\tan x)+C$;

(7) $-\cot x-x+C$;

(8) $x^3-x+\arctan x+C$;

(9) $e^x-2\sqrt{x}+C$;

(10) $\frac{\tan x}{2}+C$;

(11) $\frac{x+\sin x}{2}+C$ ;

(12) $\frac{x^3}{3}-\frac{4}{3}x^{\frac{3}{2}}+2x^{\frac{1}{2}}+C$.

3. 对函数 $\arcsin(2x-1)$、$\arccos(1-2x)$、$2\arctan\sqrt{\frac{x}{1-x}}$ 求导,其导数均为 $\frac{1}{\sqrt{x-x^2}}$.

4. $y=\ln x+1$.

### (二)能力提升

1. (1)$f(x)$;(2)$f(x)$;(3)$F(x)+C$;(4)$F(x)+C$.

2. $-4\cot x+\dfrac{2}{3}x^3-x+4\arctan x+C$.

3. $$\int\max\{1,x^2\}\mathrm{d}x=\begin{cases}x+C, & x\in[-1,1]\\ \dfrac{1}{3}x^3+C, & x\in(-\infty,-1)\cup(1,+\infty)\end{cases}.$$

能力提升 第 1 题讲解视频　　能力提升 第 2 题讲解视频　　能力提升 第 3 题讲解视频

# 第二节　换元积分法

## 学习目标

1. 了解换元积分法中利用换元将未知转化为已知求不定积分的数学思想.
2. 理解换元积分法中利用“凑微元”和“变量代换”求不定积分的基本思路方法.
3. 会利用两类换元积分法求不定积分.

## 学习资料

### (一)教材范围

《高等数学》 同济大学 第八版 上册 第 189~203 页

### (二)线上资源

**资源 1**　付丽娜,樊小琳,姜永胜,等. 两类换元积分法的比较[J]. 科技视界,2017(3):32-33

**资源 2**　两类换元积分法求不定积分的思路

资源 1

资源 2

## 预习问题

1. 凑微元法的具体思路、特点是什么?
2. 变量代换法的具体思路、特点是什么?
3. 变量代换法中常用的有哪几类换元法?

## 练习题

### (一)基础练习

1. 在横线或者括号内填入相应的数或函数,使等式成立.

(1) $x\mathrm{d}x=$________ $\mathrm{d}(x^2)$;

(2) $x\mathrm{d}x=$________ $\mathrm{d}(1-x^2)$;

(3) $e^{2x}\mathrm{d}x=$________ $\mathrm{d}(e^{2x})$;

(4) $\sin\frac{3}{2}x\mathrm{d}x=$________ $\mathrm{d}\left(\cos\frac{3}{2}x\right)$;

(5) $\mathrm{d}(\arctan 3x)=$________ $\mathrm{d}x$;

(6) $\frac{\mathrm{d}x}{\sqrt{1-x^2}}=$________ $\mathrm{d}(1-\arcsin x)$.

2. 计算下列不定积分.

(1) $\int(1+\cos 2x)\mathrm{d}x$;

(2) $\int(1+\cos 2x)\mathrm{d}(2x)$;

(3) $\int\frac{\ln x}{x}\mathrm{d}x$;

(4) $\int\frac{1}{\cos^2 x\sqrt{1+\tan x}}\mathrm{d}x$;

(5) $\int\frac{1}{x\ln[x\ln(\ln x)]}\mathrm{d}x$;

(6) $\int\tan\sqrt{1+x^2}\,\frac{x}{\sqrt{1+x^2}}\mathrm{d}x$;

(7) $\int\frac{\arctan\sqrt{x}}{\sqrt{x}(1+x)}\mathrm{d}x$;

(8) $\int\frac{1+\ln x}{(x\ln x)^2}\mathrm{d}x$;

(9) $\int\frac{1}{\sin x\cos x}\mathrm{d}x$;

(10) $\int\frac{\ln(\tan x)}{\cos x\sin x}\mathrm{d}x$.

3. 计算下列不定积分.

(1) $\int\frac{1}{\sqrt{x^2+a^2}}\mathrm{d}x$;

(2) $\int\frac{1}{\sqrt{x}(1+\sqrt[3]{x})}\mathrm{d}x$;

(3) $\int \frac{x^5}{\sqrt{1+x^2}} dx$;

(4) $\int \frac{1}{\sqrt{1+e^x}} dx$;

(5) $\int \frac{1}{x(x^7+2)} dx$;

(6) $\int \frac{1}{x^4\sqrt{x^2+1}} dx$.

**(二)能力提升**

1. 计算下列不定积分.

(1) $\int \cos 3x \cos 2x dx$;

(2) $\int \sin^2 x \cos^5 x dx$;

(3) $\int \frac{1}{\sqrt{25-9x^2}} dx$;

(4) $\int \frac{x+1}{x(1+xe^x)} dx$.

2. 利用两种换元积分法计算 $\int x^5\sqrt{1-x^2} dx$.

## 答案

**(一)基础练习**

1. (1) $\frac{1}{2}$; (2) $-\frac{1}{2}$; (3) $\frac{1}{2}$; (4) $-\frac{2}{3}$; (5) $\frac{3}{1+9x^2}$; (6) $-1$.

2. (1) $x+\frac{\sin 2x}{2}+C$;

(2) $2x+\sin 2x+C$;

(3) $\frac{1}{2}(\ln x)^2+C$;

(4) $2\sqrt{1+\tan x}+C$;

(5) $\ln|\ln(\ln x)|+C$;

(6) $-\ln\left|\cos\sqrt{1+x^2}\right|+C$;

(7) $(\arctan\sqrt{x})^2+C$;

(8) $-\frac{1}{x\ln x}+C$;

(9) $\ln|\tan x|+C$;

(10) $\frac{[\ln(\tan x)]^2}{2}+C$.

3. (1) $\ln\left(\frac{x}{a}+\frac{\sqrt{x^2+a^2}}{a}\right)+C$;

(2) $6(\sqrt[6]{x}-\arctan\sqrt[6]{x})+C$;

(3) $\frac{1}{15}(8-4x^2+3x^4)\sqrt{1+x^2}+C$;

(4) $2\ln(\sqrt{1+e^x}-1)-x+C$;

(5) $-\frac{1}{14}\ln|2+x^7|+\frac{1}{2}\ln|x|+C$;

(6) $-\frac{1}{3}\left(\frac{\sqrt{1+x^2}}{x}\right)^3+\frac{\sqrt{1+x^2}}{x}+C$.

**(二)能力提升**

能力提升
第 1 题讲解视频

1. (1) $\frac{1}{2}\left(\frac{1}{5}\sin 5x+\sin x\right)+C$;

(2) $\frac{1}{3}\sin^3 x-\frac{2}{5}\sin^5 x+\frac{1}{7}\sin^7 x+C$;

(3) $\frac{1}{3}\arcsin\frac{3x}{5}+C$;

(4) $x+\ln x-\ln(1+xe^x)+C$.

能力提升
第 2 题讲解视频

2. $-\frac{1}{7}(\sqrt{1-x^2})^7+\frac{2}{5}(\sqrt{1-x^2})^5-\frac{(\sqrt{1-x^2})^3}{3}+C$.

# 第三节 分部积分法

## 学习目标

1. 了解分部积分法的本质,领悟其将未知转化为已知的数学思想;
2. 掌握分部积分法,会利用分部积分法计算不定积分.

## 学习资料

**(一)教材范围**

《高等数学》同济大学 第八版 上册 第 204~208 页

### (二)线上资源

**资源 1** 王玮. 浅析分部积分法的运算规律[J]. 课程教育研究,2019(42):189-190

**资源 2** 分部积分法求不定积分的思路

资源 1

资源 2

## 预习问题

1. 基本初等函数求导有什么特点?[如$(\arcsin x)'=\dfrac{1}{\sqrt{1-x^2}}$的特点为去反三角符号.]

2. 分部积分法的具体思路、特点是什么?

3. 口诀"反函数、对数函数、幂函数、指数函数、三角函数"的顺序在分部积分计算过程中是如何选择的?

## 练习题

### (一)基础练习

1. 求下列不定积分.

(1) $\int x\cos x\mathrm{d}x$;

(2) $\int x^2\mathrm{e}^x\mathrm{d}x$;

(3) $\int \ln x\mathrm{d}x$;

(4) $\int x\arctan x\mathrm{d}x$;

(5) $\int x^3\ln x\mathrm{d}x$;

(6) $\int \dfrac{\ln(\cos x)}{\cos^2 x}\mathrm{d}x$;

(7) $\int \mathrm{e}^x\sin x\mathrm{d}x$;

(8) $\int \dfrac{x\arctan x}{\sqrt{1+x^2}}\mathrm{d}x$;

(9) $\int x^2\cos x\mathrm{d}x$;

(10) $\int \ln^2 x\mathrm{d}x$;

(11) $\int \mathrm{e}^{\sqrt[3]{x}}\mathrm{d}x$;

(12) $\int \cos(\ln x)\mathrm{d}x$.

### (二)能力提升

1. 求 $\int \frac{xe^x}{\sqrt{1+e^x}}dx$.

2. 已知$f(x)$的一个原函数为$\frac{\sin x}{x}$,求 $\int xf'(2x)dx$.

3. 求 $\int \ln\left(1+\frac{\sqrt{1+x}}{x}\right)dx$.

## 答案

### (一)基础练习

1. (1) $x\sin x+\cos x+C$;

(2) $x^2e^x-2(xe^x-e^x)+C$;

(3) $x\ln x-x+C$;

(4) $\frac{x^2}{2}\arctan x-\frac{1}{2}(x-\arctan x)+C$;

(5) $\frac{1}{4}x^4\ln x-\frac{1}{16}x^4+C$;

(6) $\tan x\ln(\cos x)+\tan x-x+C$;

(7) $\frac{e^x}{2}(\sin x-\cos x)+C$;

(8) $\sqrt{1+x^2}\arctan x-\ln(x+\sqrt{1+x^2})+C$;

(9) $x^2\sin x+2x\cos x-2\sin x+C$;

(10) $x\ln^2x-2x\ln x+2x+C$;

(11) $3e^{\sqrt[3]{x}}(x^{\frac{2}{3}}-2x^{\frac{1}{3}}+2)+C$;

(12) $\frac{x[\cos(\ln x)+\sin(\ln x)]}{2}+C$.

### (二)能力提升

1. $\int \frac{xe^x}{\sqrt{1+e^x}}dx=2(x-2)\sqrt{1+e^x}+2\ln\frac{\sqrt{1+e^x}+1}{\sqrt{1+e^x}-1}+C$.

2. $\int xf'(2x)dx=\frac{x\cos 2x-\sin 2x}{4x}+C$.

3. $\int \ln\left(1+\frac{\sqrt{1+x}}{x}\right)dx=-\sqrt{1+x}+\frac{1}{2}\ln\left|x+\sqrt{1+x}\right|-\frac{\sqrt{5}}{2}\ln\left|\frac{\sqrt{1+x}-\frac{\sqrt{5}}{2}}{\sqrt{1+x}+\frac{\sqrt{5}}{2}}\right|+C$.

能力提升
第 1 题讲解视频

能力提升
第 2 题讲解视频

能力提升
第 3 题讲解视频

# 第四节 有理函数的积分

## 学习目标

1. 理解有理函数的概念.

2. 理解计算有理函数不定积分的基本思路与方法;知道有理函数的积分的本质是初等变形.

3. 会计算一些简单有理函数的不定积分;会将特殊函数转化为计算有理函数的不定积分.

## 学习资料

### (一)教材范围

《高等数学》 同济大学 第八版 上册 第 208~213 页

### (二)线上资源

**资源 1** 吴春. 有理函数不定积分求解技巧的探究[J]. 赤峰学院学报(自然科学版),2019(7):5-6

资源 1

## 预习问题

1. 什么是有理函数?

2. 如何将有理函数假分式转化为真分式?

3. 如何将有理函数拆成多项式、$\dfrac{P_1(x)}{(x-a)^k}$、$\dfrac{P_2(x)}{(x^2+px+q)^l}$,其中 $p^2-4q<0$,$P_1(x)$ 为小于 $k$ 次的多项式,$P_2(x)$ 为小于 $2l$ 次的多项式?

4. 一般哪几类函数的不定积分可以转化为有理函数的不定积分?

## 练习题

### (一)基础练习

1. 将下列有理函数化简.

(1) $\dfrac{x+3}{x^2-5x+6}$;

(2) $\dfrac{1}{x(x-1)^2}$;

(3) $\dfrac{1}{(1+2x)(1+x^2)}$;

(4) $\dfrac{x-3}{(x-1)(x^2-1)}$;

(5) $\dfrac{1}{1+2x+x^2+2x^3}$;

(6) $\dfrac{1}{16-x^4}$.

2. 计算下列不定积分.

(1) $\displaystyle\int \frac{1}{x(x-1)^2}dx$;

(2) $\displaystyle\int \frac{x-3}{(x-1)(x^2-1)}dx$;

(3) $\displaystyle\int \frac{1}{(1+2x)(1+x^2)}dx$;

(4) $\displaystyle\int \frac{1}{16-x^4}dx$;

(5) $\displaystyle\int \frac{x^2+1}{(x-1)^3}dx$;

(6) $\displaystyle\int \frac{x^2}{(x^2+2x+2)^2}dx$.

**(二)能力提升**

1. 计算下列不定积分.

(1) $\displaystyle\int \frac{1}{1+\sqrt[3]{x+2}}dx$;

(2) $\displaystyle\int \frac{1}{\sqrt{x+1}+\sqrt[3]{x+1}}dx$;

(3) $\displaystyle\int \frac{1}{x}\sqrt{\frac{1+x}{x}}dx$;

(4) $\displaystyle\int \frac{1+\sin x}{\sin x(1+\cos x)}dx$.

## 答案

**(一)基础练习**

1. (1) $\dfrac{-5}{x-2}+\dfrac{6}{x-3}$;

(2) $\dfrac{1}{x}+\dfrac{-1}{x-1}+\dfrac{1}{(x-1)^2}$;

(3) $\dfrac{\frac{4}{5}}{1+2x}+\dfrac{-\frac{2}{5}x+\frac{1}{5}}{1+x^2}$;

(4) $\frac{1}{x-1}+\frac{-1}{(x-1)^2}+\frac{-1}{x+1}$;

(5) $\frac{\frac{4}{5}}{1+2x}+\frac{-\frac{2}{5}x+\frac{1}{5}}{1+x^2}$;

(6) $\frac{\frac{1}{32}}{2-x}+\frac{\frac{1}{32}}{2+x}+\frac{\frac{1}{8}}{4+x^2}$.

2(1) $\ln|x|-\frac{1}{x-1}-\ln|x-1|+C$;

(2) $\ln|x-1|+\frac{1}{x-1}-\ln|x+1|+C$;

(3) $\frac{2}{5}\ln|2x+1|-\frac{1}{5}\ln|x+1|+\frac{1}{5}\arctan x+C$;

(4) $\frac{1}{32}\ln\left|\frac{2+x}{2-x}\right|+\frac{1}{16}\arctan\frac{x}{2}+C$;

(5) $\ln|x-1|-\frac{2}{x-1}-\frac{1}{(x-1)^2}+C$;

(6) $\arctan(x+1)+\frac{1}{x^2+2x+2}+C$.

## (二)能力提升

1. (1) $\frac{3}{2}\sqrt[3]{(x+2)^2}-3\sqrt[3]{x+2}+3\ln\left|1+\sqrt[3]{x+2}\right|+C$;

(2) $2\sqrt{x+1}-3\sqrt[3]{x+1}+6\sqrt[6]{x+1}-6\ln\left|1+\sqrt[6]{x+1}\right|+C$;

(3) $-2\sqrt{\frac{1+x}{x}}-\ln\left|2x+1-2x\sqrt{x+1}\right|+C$;

(4) $\frac{1}{4}\tan^2\frac{x}{2}+\tan\frac{x}{2}+\frac{1}{2}\ln\left|\tan\frac{x}{2}\right|+C$.

能力提升
第 **1** 题(**3**)讲解视频

能力提升
第 **1** 题(**4**)讲解视频

# 本章小结

## 知识框架

- 不定积分
  - 原函数
    - 存在性：连续函数一定存在原函数
    - 不唯一性
    - 结构：原函数与不定积分的区别和联系
    - 互逆性：不定积分与导数的互逆
  - 不定积分求法
    - 思路
      - 将未知转化为已知
      - 熟记已知的13+4个不定积分
    - 方法
      - 初等变形：各个击破
      - 凑微元法：凑微元、变量协同、多元协同
      - 变量代换
        - 根号问题
        - 代换问题
          - 普通代换
          - 倒代换
          - 三角代换
      - 分部积分
        - 公式
        - 思想：通过求导去掉难以积分部分
      - 有理函数积分
        - 有理、无理函数的概念
        - 待定系数法
        - 无理函数积分+可化为有理函数积分

## 概念方法问题梳理

概念方法
问题梳理

本章为积分学部分，不定积分是定积分计算的核心基础，也是《高等数学》下册四类积分计算的核心基础. 复习巩固，从学习者的角度提出如下问题.

**问题一** 不定积分概念是从什么问题出发引入的？

**问题二** 什么是原函数？为何要讨论原函数？原函数在什么条件下存在？原函数存在时的个数有多少？某函数若存在原函数，怎么表示？

**问题三** 什么是不定积分？为何说“计算不定积分”是本章的核心问题？

**问题四** 不定积分与求导同时运算会有什么结果？或者说不定积分的互逆性怎么体现？

**问题五** 对于基本积分表，在课堂中老师会强调记忆，甚至要求默写，有无记忆的方法？

**问题六** 不定积分的线性性质是指什么？有什么意义？

**问题七** 归纳计算不定积分计算的思路方法，其有什么意义？

**问题八** 第一类换元法也称为凑微元法，它是什么意思？如何理解“凑”的含义？在课堂中老师会强调记忆常用的凑微元，如何理解？有无记忆的方法？凑微元法的特点是什么？

**问题九** 第二类换元法也称为变量代换法，它是什么意思？如何理解“变量代换”的含义？该换元法的特点是什么？

**问题十** 分部积分法是什么意思？如何理解“分部积分”的含义？该方法的特点是什么？

**问题十一** 归纳有理函数积分的思路方法.

# 本章练习

本章练习讲解

1. 已知 $f'(\sin x)=1+x$，求 $f(x)$.

2. 已知 $f(x)$ 的一个原函数为 $x\cos x$，求 $\int xf'(x)\mathrm{d}x$.

3. 求下列不定积分.

(1) $\int \frac{1-\ln x}{(x+\ln x)^2}\mathrm{d}x$；

(2) $\int \frac{1}{\mathrm{e}^x+\mathrm{e}^{-x}}\mathrm{d}x$；

(3) $\int \frac{1+\ln x}{(x\ln x)^2}\mathrm{d}x$；

(4) $\int \frac{1-\ln x}{(x-\ln x)^2}\mathrm{d}x$.

4. 求 $\int |x|\mathrm{d}x$.

5. 求下列不定积分.

(1) $\int(\tan x+\sec^2 x)\mathrm{e}^x\mathrm{d}x$；

(2) $\int x\tan x\sec^2 x\mathrm{d}x$；

(3) $\int \ln(\cos x)\tan x\mathrm{d}x$；

(4) $\int \sec x(\sec x-\tan x)\mathrm{d}x$.

6. 求下列不定积分.

(1) $\int \frac{x^4(x^2-1)}{(1+x^2)^6}\mathrm{d}x$；

(2) $\int \frac{x^9}{(1-x^2)^6}\mathrm{d}x$；

(3) $\int \frac{x^2+1}{x^4+1}dx$;

(4) $\int \frac{\sqrt{x-1}}{x}dx$.

7. 求 $\int e^{\sin x}\frac{x\cos^3 x-\sin x}{\cos^2 x}dx$.

8. 已知$f(x)$的一个原函数为$\frac{\sin x}{x}$,求 $\int xf'(x)dx$.

9. 求下列不定积分.

(1) $\int \frac{x-3}{(x-1)(x^2-1)}dx$;

(2) $\int \frac{1}{(2x^2+1)+\sqrt{x^2+1}}dx$;

(3) $\int \frac{1}{x}\sqrt{\frac{1+x}{x}}dx$;

(4) $\int \frac{1}{2+\cos x}dx$.

# 本章自测

## 一、填空题

1. 设函数$f(x)(x>0)$连续,且 $\int x^{-2}f(x)dx=e^{x^2}+C$, 则$f(x)=$________.

2. 设$f'(e^x)=xe^{-x}$ 且$f(1)=0$,则$f(x)=$________.

3. 设$f(x)$的一个原函数是 $1+\sin x$,则 $\int xf'(x)dx=$________.

4. 已知 $F(x)$是 $e^{1-x^2}$ 的一个原函数,则 $dF(\sin x)=$________.

## 二、计算题

1. 计算下列不定积分.

(1) $\int \frac{x+\sin x}{1+\cos x}dx$;

(2) $\int \frac{1}{\sqrt{1+e^x}}dx$;

(3) $\int \arctan\sqrt{x}\,dx$;

(4) $\int \frac{1}{x\sqrt{x^2-1}}dx$;

(5) $\int \frac{\ln x}{(1-x)^2}\mathrm{d}x$;

(6) $\int \frac{\arctan x}{x^2(1+x^2)}\mathrm{d}x$;

(7) $\int \frac{1}{x^4-1}\mathrm{d}x$;

(8) $\int \frac{1}{x^2(1+x^2)^2}\mathrm{d}x$;

(9) $\int \frac{1}{\sin x\cos^3 x}\mathrm{d}x$;

(10) $\int \frac{\sin^4 x}{1+\cos x}\mathrm{d}x$;

(11) $\int \frac{\sin^3 x}{2+\cos x}\mathrm{d}x$;

(12) $\int \frac{x\mathrm{e}^x}{\sqrt{\mathrm{e}^x-1}}\mathrm{d}x$;

(13) $\int \mathrm{e}^{2x}(\tan x+1)^2\mathrm{d}x$;

(14) $\int \frac{\cos x}{\cos x+\sin x}\mathrm{d}x$;

(15) $\int \left(1+x-\frac{1}{x}\right)\mathrm{e}^{x+\frac{1}{x}}\mathrm{d}x$;

(16) $\int \left(\sin^2 x+x\sqrt{2x^2+1}+\frac{1+\sqrt{x}}{x}+x\cos x\right)\mathrm{d}x$.

2. 设函数$f(x^2-1)=\ln\frac{x^2}{x^2-2}$且$f[\varphi(x)]=\ln x$,求$\int\varphi(x)\mathrm{d}x$.

3. 已知$\frac{\sin x}{x}$是$f(x)$的一个原函数,求$\int x^3 f'(x)\mathrm{d}x$.

4. 设$f'(\ln x)=\begin{cases}1, & 0<x\leqslant 1\\ x, & 1<x\end{cases}$且$f(0)=0$,求$f(x)$的表达式.

5. 已知$\int xf(x)\mathrm{d}x=\arcsin x+C$,求不定积分$\int\frac{1}{f(x)}\mathrm{d}x$.

6. 设$F(x)$是$f(x)$的一个原函数,当$x\geqslant 0$时,有$f(x)F(x)=\sin^2 2x$,且$F(0)=1$,$F(x)\geqslant 0$,试求$f(x)$.

## 答案

### 一、填空题

1. $2x^3\mathrm{e}^{x^2}$.

2. $\frac{1}{2}(\ln x)^2$.

3. $x\cos x-\sin x+C$.

4. $e^{\cos^2 x}\cos x\,dx$.

## 二、计算题

1. (1) $x\tan\frac{x}{2}+C$ 或 $x\tan\frac{x}{2}-2\ln\left|\cos\frac{x}{2}\right|-\ln(1+\cos x)+C$;

(2) $\ln\left|\frac{\sqrt{1+e^x}-1}{\sqrt{1+e^x}+1}\right|+C$;

(3) $x\arctan\sqrt{x}-\sqrt{x}+\arctan\sqrt{x}+C$;

(4) $\arctan\sqrt{x^2-1}+C$ 或 $-\arcsin\frac{1}{x}+C$ 或 $\arccos\frac{1}{x}+C$;

(5) $\frac{\ln x}{1-x}+\ln\frac{|x-1|}{|x|}+C$;

(6) $-\frac{\arctan x}{x}-\frac{1}{2}(\arctan x)^2+\frac{1}{2}\ln\frac{x^2}{1+x^2}+C$;

(7) $-\frac{1}{4}\ln\left|\frac{1+x}{1-x}\right|-\frac{1}{2}\arctan x+C$;

(8) $-\frac{1}{x}-\frac{x}{2(1+x^2)}-\frac{3}{2}\arctan x+C$;

(9) $\frac{1}{2\cos^2 x}+\ln|\csc 2x-\cot 2x|+C$ 或 $\ln|\tan x|+\frac{1}{2}\tan^2 x+C$;

(10) $\frac{x}{2}-\frac{\sin 2x}{4}-\frac{\sin^3 x}{3}+C$;

(11) $\frac{1}{2}\cos^2 x-2\cos x+3\ln(\cos x+2)+C$;

(12) $2x\sqrt{e^x-1}-4\sqrt{e^x-1}+4\arctan\sqrt{e^x-1}+C$;

(13) $e^{2x}\tan x+C$;

(14) $\frac{1}{2}(x+\ln|\sin x+\cos x|)+C$;

(15) $xe^{x+\frac{1}{x}}+C$;

(16) $\frac{1}{2}x-\frac{1}{4}\sin 2x+\frac{1}{6}(2x^2+1)^{\frac{3}{2}}+2\sqrt{x}+2\ln\sqrt{x}+x\sin x+\cos x+C$.

2. $2\ln|x-1|+x+C$.

(提示:根据 $f(x^2-1)=\ln\frac{x^2}{x^2-2}$ 求出 $f(x)=\ln\frac{x+1}{x-1}$,再由 $f[\varphi(x)]=\ln x$ 得出 $\varphi(x)=\frac{x+1}{x-1}$,再求出 $\int\varphi(x)\,dx$ 即可.)

3. $x^2\cos x-4x\sin x-6\cos x+C$.

4. $f(x)=\begin{cases}x, & x\leqslant 0\\ e^x-1, & x>0\end{cases}$.

（提示：$f(x)=\int f'(x)\mathrm{d}x \overset{x=\ln t}{=} \int f'(\ln t)\frac{1}{t}\mathrm{d}t=\begin{cases}\int\frac{1}{t}\mathrm{d}t=\ln t+C_1, & 0<t\leqslant 1\\ \int t\frac{1}{t}\mathrm{d}t=t+C_2, & t>1\end{cases}=$

$\begin{cases}x+C_1, & x\leqslant 0\\ e^x+C_2, & x>0\end{cases}$，再根据 $f(x)$ 在 $x=0$ 处可导必连续，求出 $C_1,C_2$ 即可.）

5. $-\frac{1}{3}(1-x^2)^{\frac{3}{2}}+C$.

6. $\dfrac{\sin^2 2x}{\sqrt{x-\frac{1}{4}\sin 4x+1}}$.

# 第五章　定　积　分

## 第一节　定积分的概念与性质

### 学习目标

1. 了解定积分的发展背景,理解曲边梯形面积、变速直线运动总路程的求解过程;领悟“化整为零、积零为整”的数学思想.

2. 理解定积分的概念和几何意义;会利用定义和几何意义计算部分简单的定积分.

3. 掌握定积分的性质和积分中值定理,领悟其意义.

4. 了解用矩形法、梯形法和抛物线法求定积分近似值的思想和方法.

### 学习资料

**(一) 教材范围**

《高等数学》同济大学 第八版 上册 第 219~231 页

资源 1

**(二) 线上资源**

**资源 1**　定积分可积的条件

**(三) 相关实际或军事问题**

**实例 1**　若已知鄱阳湖边界曲线的方程,如何计算湖面的面积?

**实例 2**　阅兵时待阅飞机需要从等待区直飞至待阅区等待,已知飞机飞升速度 $v=v(t)$ 是时间间隔 $[T_1,T_2]$ 上 $t$ 的连续函数,且 $v(t)\geqslant 0$,计算飞机从等待区到待阅区的飞行距离 $S$.

**实例 3**　水利工程中要计算拦水闸门所受的水压力. 已知闸门上水的压强 $p$ 与水深 $h$ 存在函数关系,且有 $p=9.8h\ \mathrm{kN/m^2}$. 若闸门高 $H=3\ \mathrm{m}$,宽 $L=2\ \mathrm{m}$,求水面与闸门顶相齐时闸门所受的水压力 $P$.

### 预习问题

1. 积分学理论的发展背景是什么?

2. 计算曲边梯形面积的过程是什么?

3. 曲边梯形的面积问题和变速直线运动的路程问题抽象为数学问题后,它们数量结构上的共性特征有哪些?

4. 定积分 $\int_a^b f(x)\,dx$ 是如何定义的？定积分与不定积分的区别有哪些？如何用定积分的定义计算定积分 $\int_0^1 x^2\,dx$？

5. 定积分的可积条件是什么？有界的函数一定可积吗？可积与连续、可积与可导具有怎样的关系？

6. 定积分的几何意义是什么？如何利用定积分的几何意义计算定积分 $\int_0^1 (1-x)\,dx$？

7. 定积分的性质有哪些,其对定积分的计算具有怎样的帮助？

8. 叙述积分中值定理,其几何解释是什么？

9. 用矩形法、梯形法和抛物线法近似计算定积分的核心思想是什么？

## 练习题

### (一)基础练习

1. 利用定积分的几何意义计算 $\int_{-1}^2 |x|\,dx$.

2. 估算 $\int_{\frac{1}{\sqrt{3}}}^{\sqrt{3}} x\arctan x\,dx$ 的值.

3. 设 $f(x)$ 在 $[0,1]$ 上连续,证明 $\int_0^1 f^2(x)\,dx \geqslant \left[\int_0^1 f(x)\,dx\right]^2$.

### (二)能力提升

1. 设 $a<b$, $a$、$b$ 取何值时,积分 $\int_a^b (x-x^2)\,dx$ 取得最大值？

2. 用定积分表示极限：$I=\lim\limits_{n\to\infty}\frac{1}{n}\left[\sin\frac{\pi}{n}+\sin\frac{2\pi}{n}+\cdots+\sin\frac{(n-1)\pi}{n}\right]$.

## 答案

### (一)基础练习

1. $\frac{5}{2}$.

2. $\frac{\pi}{9}=\int_{\frac{1}{\sqrt{3}}}^{\sqrt{3}}\frac{\pi}{6\sqrt{3}}dx\leqslant\int_{\frac{1}{\sqrt{3}}}^{\sqrt{3}}x\arctan x\,dx\leqslant\int_{\frac{1}{\sqrt{3}}}^{\sqrt{3}}\frac{\pi}{\sqrt{3}}dx=\frac{2}{3}\pi$.

3. 证明：见讲解视频.

基础练习
第 **3** 题讲解视频

### (二)能力提升

1. $a=0, b=1$.

2. $\int_0^1 \sin(\pi x)\,dx$ 或 $\frac{1}{\pi}\int_0^{\pi}\sin x\,dx$.

能力提升
第 **2** 题讲解视频

# 第二节　微积分的基本公式

## 学习目标

1. 了解微积分基本公式提出的背景;掌握从特殊到一般猜测该公式的过程.

2. 理解积分变限函数;掌握积分变限函数的性质和求导方法;理解原函数存在定理.

3. 掌握牛顿-莱布尼茨公式,知道其对计算定积分的意义;会应用牛顿-莱布尼茨公式计算定积分,并解决实际问题.

## 学习资料

资源 1

**(一)教材范围**

《高等数学》同济大学 第八版 上册 第 232~240 页

**(二)线上资源**

**资源 1**　积分变限函数

**(三)相关实际或军事问题**

**实例 1**　装甲车以每小时 36 km 的速度在直道上行驶,到某处需要减速停车,设装甲车以等加速度 $a=-5\ \mathrm{m/s^2}$ 刹车,从开始刹车到停止,装甲车驶过了多少距离?

**实例 2**　地球的半径为 6 378 km,其表面的重力加速度是 9.8 $\mathrm{m/s^2}$,火箭在上升过程中,当助推器停止工作时,主要是在克服地球引力做功,火箭要用多大的初速度才能摆脱地球的引力?

## 预习问题

1. 计算定积分的方法有哪些,其计算的困难是什么?

2. 为何要定义积分变限函数,是如何定义的?它具有什么性质,它的导数是什么?

3. 原函数存在定理是什么,其意义是什么?

4. 什么是微积分基本定理,其意义是什么?

5. 利用牛顿-莱布尼茨公式计算定积分的关键是什么?

## 练习题

**(一)基础练习**

1. $x\int_a^x f(x)\,\mathrm{d}x$、$\int_a^x xf(x)\,\mathrm{d}x$、$\int_a^x xf(t)\,\mathrm{d}t$ 这三个表达式是否表示同一个函数?

2. 当 $x$ 为何值时,函数 $I(x)=\int_a^x t\mathrm{e}^{-t^2}\mathrm{d}t$ 有极值?

3. 求极限 $\lim\limits_{x\to 0}\dfrac{\left(\int_a^x e^{t^2}\mathrm{d}t\right)^2}{\int_a^x te^{2t^2}\mathrm{d}t}$.

4. 设 $f(x)=\begin{cases}\dfrac{1}{2}\sin x, & 0\leqslant x\leqslant \pi\\ 0, & x<0 \text{ 或 } x>\pi\end{cases}$，求 $\Phi(x)=\int_0^x f(t)\mathrm{d}t$ 在 $(-\infty,+\infty)$ 内的表达式.

5. 设 $f(x)$ 在 $[a,b]$ 上连续，在 $(a,b)$ 内可导，且 $f'(x)\leqslant 0$，$F(x)=\dfrac{1}{x-a}\int_a^x f(t)\mathrm{d}t$，证明在 $(a,b)$ 内有 $F'(x)\leqslant 0$.

6. 设 $F(x)=\int_0^x \dfrac{\sin t}{t}\mathrm{d}t$，求 $F'(0)$.

**(二)能力提升**

1. 设 $f(x)=2x-x^2\int_0^1 f(x)\mathrm{d}x$，求 $f(x)$.

2. 计算积分 $\int_0^{\pi}\sqrt{\sin x-\sin^3 x}\,\mathrm{d}x$.

3. 设 $f(x)$ 在区间 $[a,b]$ 上连续，且 $f(x)>0$，$F(x)=\int_a^x f(t)\mathrm{d}t+\int_b^x \dfrac{\mathrm{d}t}{f(t)}$，$x\in[a,b]$，证明：(1) $F'(x)\geqslant 2$；(2) 方程 $F(x)=0$ 在区间 $(a,b)$ 内有且仅有一个根.

4. 已知 $f(x)$ 为连续函数，$F(t)=\int_a^b f(x)\,|x-t|\,\mathrm{d}x$，$(a<b)$，求 $F'(t)$.

5. 设 $f(x)$ 连续，$\varphi(x)=\int_0^1 f(xt)\mathrm{d}t$，且 $\lim\limits_{x\to 0}\dfrac{f(x)}{x}=A$（$A$ 为常数），求 $\varphi'(x)$，并讨论 $\varphi'(x)$ 在 $x=0$ 处的连续性.

## 答案

**(一)基础练习**

1. 不全相同，表达式 $x\int_a^x f(x)\mathrm{d}x$，由于定积分与积分变量的记法无关，故有 $x\int_a^x f(x)\mathrm{d}x=x\int_a^x f(t)\mathrm{d}t$；表达式 $\int_a^x xf(t)\mathrm{d}t$，由于被积表达式中的变量 $x$ 与积分变量无关，可提到积分号外面，故有 $\int_a^x xf(t)\mathrm{d}t=x\int_a^x f(t)\mathrm{d}t$，因此 $x\int_a^x f(x)\mathrm{d}x=\int_a^x xf(t)\mathrm{d}t$。而对于表达式 $\int_a^x xf(x)\mathrm{d}x$，如果将积分变量 $x$ 记作 $t$，就成为 $\int_a^x tf(t)\mathrm{d}t$，故它与其他两个积分无关.

2. $x=0$.

3. 2.

4. $\Phi(x)=\begin{cases}0, & x<0\\ \dfrac{1-\cos x}{2}, & 0\leqslant x\leqslant\pi.\\ 1, & x>\pi\end{cases}$

基础练习
第 4 题讲解视频

5. 证明：

$$F'(x)=\frac{1}{(x-a)^2}\left[(x-a)f(x)-\int_a^x f(t)\,dt\right]$$

$$=\frac{1}{(x-a)^2}[(x-a)f(x)-(x-a)f(\xi)],\xi\in(a,x)\subset(a,b)$$

$$=\frac{x-\xi}{x-a}f'(\eta),\eta\in(\xi,x)\subset(a,b)$$

由条件知，结论得证.

6. $F'(0)=\lim\limits_{x\to0}\dfrac{F(x)-F(0)}{x}=\lim\limits_{x\to0}\dfrac{\int_0^x\frac{\sin t}{t}dt}{x}=\lim\limits_{x\to0}\dfrac{\frac{\sin x}{x}}{1}=1.$

## (二)能力提升

1. $2x-\dfrac{3}{4}x^2$.

2. $\dfrac{4}{3}$.

能力提升
第 3 题讲解视频

3. 证明：

(1) $F'(x)=f(x)+\dfrac{1}{f(x)}\geqslant2\sqrt{f(x)\dfrac{1}{f(x)}}=2$；

(2) $F(a)=\int_b^a\dfrac{dt}{f(t)}=-\int_a^b\dfrac{dt}{f(t)}<0,F(b)=\int_a^b f(t)\,dt>0$，由闭区间上连续函数的性质可知，$F(x)$ 在区间 $(a,b)$ 内必有零点，根据(1)可知，函数 $F(x)$ 在区间 $[a,b]$ 上单调增加，从而零点唯一，即方程 $F(x)=0$ 在区间 $(a,b)$ 内有且仅有一个根.

能力提升
第 4 题讲解视频

4. 因为

$$F(t)=\int_a^b f(x)\,|x-t|\,dx=\int_a^t f(x)(t-x)\,dx+\int_t^b f(x)(x-t)\,dx$$

$$=t\int_a^t f(x)\,dx-\int_a^t xf(x)\,dx+\int_t^b xf(x)\,dx-t\int_t^b f(x)\,dx$$

从而

$$F'(t)=\left(t\int_a^t f(x)\,dx-\int_a^t xf(x)\,dx+\int_t^b xf(x)\,dx-t\int_t^b f(x)\,dx\right)'_t$$

$$=\int_a^t f(x)\,dx+tf(t)-tf(t)-tf(t)-\int_t^b f(x)\,dx+tf(t)$$

$$=\int_a^t f(x)\,dx-\int_t^b f(x)\,dx$$

5. 由 $\lim\limits_{x\to0}\dfrac{f(x)}{x}=A,\lim\limits_{x\to0}f(x)=0$，故 $\lim\limits_{x\to0}f(x)=0=f(0)$，因而 $\varphi(0)=\int_0^1 f(0)\,dt=0$. 设 $x\neq0$，令 $u=xt$，则

能力提升

第 5 题讲解视频

$$\varphi(x)=\frac{1}{x}\int_0^x f(u)\,\mathrm{d}u$$

$$\varphi'(x)=\frac{1}{x^2}\left[xf(x)-\int_0^x f(u)\,\mathrm{d}u\right]$$

$$\begin{aligned}\lim_{x\to0}\varphi'(x)&=\lim_{x\to0}\frac{1}{x^2}\left[xf(x)-\int_0^x f(u)\,\mathrm{d}u\right]\\&=\lim_{x\to0}\frac{f(x)}{x}-\lim_{x\to0}\left[\frac{1}{x^2}\int_0^x f(u)\,\mathrm{d}u\right]\\&=A-\lim_{x\to0}\frac{f(x)}{2x}=A-\frac{1}{2}\lim_{x\to0}\frac{f(x)}{x}=A-\frac{A}{2}=\frac{A}{2}\end{aligned}$$

而 $\varphi'(0)=\lim\limits_{x\to0}\dfrac{\varphi(x)-\varphi(0)}{x-0}=\lim\limits_{x\to0}\dfrac{\varphi(x)}{x}=\lim\limits_{x\to0}\dfrac{\int_0^x f(u)\,\mathrm{d}u}{x^2}=\dfrac{1}{2}\lim\limits_{x\to0}\dfrac{f(x)}{x}=\dfrac{A}{2}$,故 $\lim\limits_{x\to0}\varphi'(x)=\varphi'(0)$, 即 $\varphi'(x)$ 在 $x=0$ 处连续.

# 第三节 定积分的换元法和分部积分法

## 学习目标

1. 掌握定积分计算的换元法和分部积分法;知道与不定积分换元法和分部积分法计算上的区别.

2. 会利用定积分的换元法证明含积分的等式;了解简化定积分计算的一些结论,如奇偶函数在对称区间上的积分、周期函数的积分等.

3. 会利用定积分的分部积分法得到部分积分的递推公式;了解华里氏公式.

## 学习资料

### (一)教材范围

《高等数学》 同济大学 第八版 上册 第 240~249 页

## 预习问题

1. 定积分的换元法公式是什么,与不定积分换元法有什么不同?

2. 定积分的分部积分公式是什么,与不定积分分部积分法有什么不同?

3. 具有奇偶性的被积函数在关于原点对称的区间上的定积分结果分别怎样?

4. 周期函数在 $n$ 个周期内的积分与 1 个周期内的积分有什么关系?

## 练习题

### (一)基础练习

1. 计算下列定积分.

(1) $\int_0^a x^2\sqrt{a^2-x^2}\,\mathrm{d}x$;

(2) $\int_{-5}^{5}\frac{x^3\sin^2 x}{x^4+2x^2+1}\mathrm{d}x$;

(3) $\int_{-\frac{\pi}{6}}^{\frac{\pi}{6}}\cos^6 3x\,\mathrm{d}x$;

(4) $\int_0^{\frac{\pi}{2}}\sqrt{1-\sin 2x}\,\mathrm{d}x$;

(5) $\int_0^{2\pi}|\sin(x+1)|\,\mathrm{d}x$;

(6) $\int_0^x \max\{t^3,t^2,1\}\,\mathrm{d}t$.

2. 设函数 $f(x)=\begin{cases}\dfrac{1}{1+\cos x}, & -\pi<x<0\\ xe^{-x^2}, & x\geqslant 0\end{cases}$,计算 $\int_1^4 f(x-2)\,\mathrm{d}x$.

3. 设 $f(x)$ 在 $[a,b]$ 上连续,证明 $\int_a^b f(x)\,\mathrm{d}x=\int_a^b f(a+b-x)\,\mathrm{d}x$.

4. 设 $f(x)$ 在 $[0,1]$ 上连续,$n\in\mathbf{Z}$,证明:

$$\int_{\frac{n}{2}\pi}^{\frac{n+1}{2}\pi}f(|\sin x|)\,\mathrm{d}x=\int_{\frac{n}{2}\pi}^{\frac{n+1}{2}\pi}f(|\cos x|)\,\mathrm{d}x=\int_0^{\frac{\pi}{2}}f(\sin x)\,\mathrm{d}x$$

5. 计算定积分 $J_m=\int_0^{\pi}x\sin^m x\,\mathrm{d}x\ (m\in\mathbf{N}_+)$.

### (二)能力提升

1. 已知函数 $f(x)=\int_1^x e^{-t^2}\mathrm{d}t$,求 $\int_0^1 f(x)\,\mathrm{d}x$.

2. 设函数 $f(x)$ 在 $(-\infty,+\infty)$ 上连续且为偶函数,记 $F(x)=\int_0^x(2t-x)f(t)\,\mathrm{d}t$,证明 $F(x)$ 也是偶函数.

3. 设 $f(x)$ 为连续函数,证明 $\int_0^x(x-t)f(t)\,\mathrm{d}t=\int_0^x\left(\int_0^t f(u)\,\mathrm{d}u\right)\mathrm{d}t$.

基础练习

第1题(5)(6)讲解视频

## 答案

### (一)基础练习

1. (1) $\frac{\pi}{16}a^4$;(2) 0;(3) $\frac{5\pi}{48}$;(4) $2(\sqrt{2}-1)$;(5) 4;

(6) $\int_0^x \max\{t^3, t^2, 1\}\,\mathrm{d}t = \begin{cases} \dfrac{1}{3}x^3 - \dfrac{2}{3}, & x < -1 \\ x, & -1 \leqslant x \leqslant 1. \\ \dfrac{1}{4}x^4 + \dfrac{3}{4}, & x > 1 \end{cases}$

2. $\int_1^4 f(x-2)\,\mathrm{d}x = \tan\dfrac{1}{2} - \dfrac{1}{2}\mathrm{e}^{-4} + \dfrac{1}{2}$.

3. 提示：令 $t=a+b-x$.

4. 提示：令 $x=t+\dfrac{n}{2}\pi$.

5. 提示：利用周期函数的定积分的结论以及华里氏公式.

**(二)能力提升**

1. $\int_0^1 f(x)\,\mathrm{d}x = [xf(x)]_0^1 - \int_0^1 xf'(x)\,\mathrm{d}x = -\int_0^1 x\mathrm{e}^{-x^2}\,\mathrm{d}x = \left[\dfrac{\mathrm{e}^{-x^2}}{2}\right]_0^1 = \dfrac{\mathrm{e}^{-1}-1}{2}$.

2. 证明：

因为 $f(x)$ 为偶函数，故对任意 $x$ 有 $f(-x)=f(x)$，从而有

$$F(-x) = \int_0^{-x}(2t+x)f(t)\,\mathrm{d}t \overset{令t=-u}{=} -\int_0^x(-2u+x)f(-u)\,\mathrm{d}u = \int_0^x(2u-x)f(u)\,\mathrm{d}u = F(x)$$

3. 证明：

$$\begin{aligned} \int_0^x\left(\int_0^t f(u)\,\mathrm{d}u\right)\mathrm{d}t &= \left[t\int_0^t f(u)\,\mathrm{d}u\right]_0^x - \int_0^x tf(t)\,\mathrm{d}t \\ &= x\int_0^x f(u)\,\mathrm{d}u - \int_0^x tf(t)\,\mathrm{d}t \\ &= x\int_0^x f(t)\,\mathrm{d}t - \int_0^x tf(t)\,\mathrm{d}t \\ &= \int_0^x (x-t)f(t)\,\mathrm{d}t \end{aligned}$$

能力提升
第 3 题讲解视频

# 第四节 反 常 积 分

## 学习目标

1. 了解两类反常积分是定积分的推广；掌握反常积分收敛的概念，领悟其中的转化思想.

2. 能用反常积分收敛的定义讨论某些简单反常积分的敛散性.

3. 会计算一些简单的反常积分.

## 学习资料

### (一)教材范围

《高等数学》同济大学 第八版 上册 第249~256页

### (二)相关实际或军事问题

**实例1** 某班战士进行投弹练习,假设投弹区域由曲线 $y=\frac{1}{x^2}$ 和直线 $x=0$ 及 $x$ 轴所围成. 则 $x=b$ 后的投弹区域面积该如何计算,$x=0$ 和 $x=1$ 之间的投弹区域面积如何计算?

## 预习问题

1. 如何定义 $\int_a^{+\infty} f(x)\,dx$、$\int_{-\infty}^{a} f(x)\,dx$、$\int_{-\infty}^{+\infty} f(x)\,dx$ 的敛散性?如何计算?

2. 什么是瑕点?什么是瑕积分?设 $a$ 为瑕点,如何定义 $\int_a^b f(x)\,dx$、$\int_b^a f(x)\,dx$、$\int_b^c f(x)\,dx\,(b<a<c)$ 的敛散性?如何计算?

## 练习题

### (一)基础练习

1. 计算反常积分 $\int_{-\infty}^{+\infty} t e^{-pt}\,dt$, 其中 $p$ 是常数,且 $p>0$.

2. 证明反常积分 $\int_a^{+\infty} \frac{dx}{x^p}\,(a>0)$ 当 $p>1$ 时收敛,当 $p\leqslant 1$ 时发散.

3. 证明反常积分 $\int_a^b \frac{dx}{(x-a)^q}$ 当 $0<q<1$ 时收敛,当 $q\geqslant 1$ 时发散.

4. 求反常积分 $\int_0^{+\infty} \frac{dx}{(1+x)(1+x^2)}$.

### (二)能力提升

1. 当 $k$ 为何值时,反常积分 $\int_2^{+\infty} \frac{dx}{x(\ln x)^k}$ 收敛?当 $k$ 为何值时,该反常积分发散?当 $k$ 为何值时,该反常积分取得最小值?

## 答案

### (一)基础练习

1. $\frac{1}{p^2}$.

2. 证明:略.

3. 证明:略.

4. $\frac{\pi}{4}$.

(二)能力提升

1. 当 $k>1$ 时,反常积分收敛;当 $k\leqslant 1$ 时,该反常积分发散;当 $k=1-\frac{1}{\ln(\ln 2)}$时,该反常积分取得最小值.

能力提升

第 1 题讲解视频

# 本章小结

## 知识框架

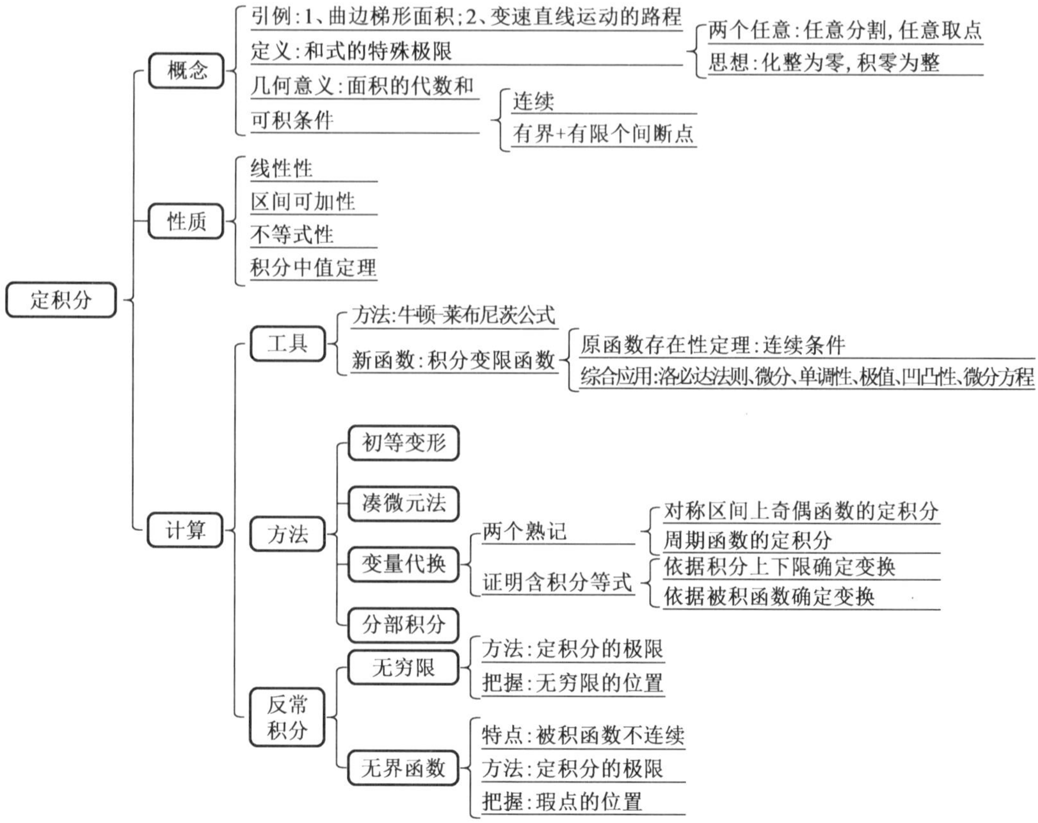


## 概念方法问题梳理

定积分是积分学的重要组成部分,针对连续可加量求和的思想是建立二重积分、三重积分、线积分、面积分的理论基础,也是所有积分的计算基础.

概念方法问题梳理

**问题一** 为什么要讨论曲边梯形的面积?

**问题二** 定积分定义很长,请用简短的语句概括定积分的几何意义怎么理解?请用物理上的例子说明定积分存在的条件.

**问题三** 写出定积分的四条性质,并说明其特点.

**问题四** 写出牛顿-莱布尼茨公式,为什么要引出牛顿-莱布尼茨公式?牛顿-莱布尼茨公式的结论是怎么猜测出来的?证明牛顿-莱布尼茨公式的难点是什么?

**问题五** 什么是积分变限函数?引出它的目的是什么?其特点是什么?

**问题六** 牛顿-莱布尼茨公式给出了定积分的计算方法,为什么还要考虑定积分的变量代换法、分部积分法?

**问题七** 定积分的换元法是什么意思?定积分换元法思想是什么?定积分的分部积分法思想是什么,它与不定积分的换元法有什么联系?利用定积分换元法可以推出什么好的结果?

**问题八** 请归纳出计算定积分的方法、思路、技巧.

**问题九** 尽可能多地举出与定积分联系的军事实例.

**问题十** 什么是反常积分,它有什么意义?

### 难点、疑点问题

**问题一** 对定积分 $\lim\limits_{\lambda\to 0}\sum\limits_{i=1}^{n}f(\xi_i)\Delta x_i$ 中"$\lambda$"的理解.

**问题二** 利用定积分定义计算数列的极限.(举例说明.)

**问题三** 命题:若 $f(x)<g(x)$,则当 $f(x)$、$g(x)$ 可积时,有 $\int_a^b f(x)\,\mathrm{d}x<\int_a^b g(x)\,\mathrm{d}x$,对吗?为什么?

**问题四** 利用定积分换元法证明含定积分的算式.(举例说明.)

**问题五** 利用技巧计算定积分.(举例说明.)

## 本章练习

本章练习讲解

1. 求下列极限.

(1) $\lim\limits_{n\to\infty}\left(\dfrac{n\sin\frac{1}{n}}{n^2+1}+\dfrac{n\sin\frac{2}{n}}{n^2+2}+\cdots+\dfrac{n\sin 1}{n^2+n}\right)$;

(2) $\lim\limits_{n\to\infty}\int_0^1\dfrac{x^n}{1+x}\mathrm{d}x$;

(3) $\lim\limits_{x\to 0^+}\dfrac{\int_0^{x^2}\sin^{\frac{3}{2}}t\,\mathrm{d}t}{\int_0^x t(t-\sin t)\,\mathrm{d}t}$.

2. 设$f(x)$是连续函数,且$f(x)=x+2\int_0^1 f(x)\,\mathrm{d}x$, 求$f(x)$.

3. 设函数$f(x)$在$[0,1]$上可微,且满足$f(1)-2\int_0^{\frac{1}{2}}xf(x)\,\mathrm{d}x=0$, 证明:在$(0,1)$内至少存在一点$\xi$,使得$\xi f'(\xi)+f(\xi)=0$.

4. 设函数$f(x)$连续, $g(x)=\int_0^x tf(x-t)\,\mathrm{d}t$, 求$g'(x)$.

5. 设函数$f(x)$在$[0,1]$上具有二阶连续导数,且$f(0)=1,f(1)=3,f'(1)=5$,求$\int_0^1 xf''(x)\,\mathrm{d}x$.

6. 设$f(x)=\begin{cases}x\sin x, & 0\leqslant x\leqslant 1\\ \mathrm{e}^{-x}, & 1<x\leqslant 2\end{cases}$,求$\Phi(x)=\int_0^x f(t)\,\mathrm{d}t$.

7. 求下列积分.

(1) $\int_0^{\frac{\pi}{2}}\sqrt{1-\sin 2x}\,\mathrm{d}x$;

(2) $\int_{-a}^{a}\sqrt{a^2-x^2}\ln\dfrac{x+\sqrt{1+x^2}}{3}\mathrm{d}x\ (a>0)$;

(3) $\int_0^3\dfrac{x^2}{(x^2-3x+3)^2}\mathrm{d}x$;

(4) $\int_0^{+\infty}\dfrac{x\mathrm{e}^{-x}}{(1+\mathrm{e}^{-x})^2}\mathrm{d}x$;

(5) $\int_{-\frac{\pi}{4}}^{\frac{\pi}{4}}\dfrac{\sin^2 x}{1+\mathrm{e}^{-x}}\mathrm{d}x$;

(6) $\int_1^{\mathrm{e}}\dfrac{1}{x\sqrt{1-(\ln x)^2}}\mathrm{d}x$.

8. 已知$\int_0^{+\infty}\dfrac{\sin x}{x}\mathrm{d}x=\dfrac{\pi}{2}$,求$\int_0^{+\infty}\dfrac{\sin^2 x}{x^2}\mathrm{d}x$.

9. 设函数$f(x)$在$[a,b]$上连续且单调增加,证明:$\int_a^b xf(x)\,\mathrm{d}x\geqslant\dfrac{a+b}{2}\int_a^b f(x)\,\mathrm{d}x$.

# 本章自测

## 一、填空题

1. 根据定积分的定义 $\int_a^b f(x)\,\mathrm{d}x=\lim\limits_{\lambda\to 0}\sum\limits_{i=1}^{n} f(\xi_i)\Delta x_i$，该和式的极限是来源于对 $[a,b]$ 任意分割，在子区间 $[x_{i-1},x_i]$ 上任意取点 $\xi_i$. 如用定积分定义求 $\int_0^1 x^2\mathrm{d}x$，可以对 $[0,1]$ 特殊分割，即等分分割，对 $\xi_i$ 特殊取点，即端点取值，便于求出 $\lim\limits_{n\to\infty}\dfrac{1}{n^3}\sum\limits_{i=1}^{n} i^2$，其理由是______________.

2. $\int_{-1}^{1}\left(\dfrac{x^3\sin^2 x}{x^4+3x^2+1}+\sqrt{1-x^2}\right)\mathrm{d}x=$________.

3. 如果函数 $f(x)$ 在区间 $[a,b]$ 上连续，利用原函数来计算定积分的公式称为________，数学表达式为______________.

4. 设 $a>-2$，函数 $f(x)=\begin{cases} a, & x=0 \\ \dfrac{\int_x^{2x}\mathrm{e}^{t^2}\mathrm{d}t}{x}, & x\neq 0 \end{cases}$ 在 $x=0$ 处可导，则 $a=$________.

5. 设 $n$ 阶可导函数 $f(x)$ 满足 $f(x)=x-1+\int_0^x f(t)\,\mathrm{d}t$，则高阶导数 $f^{(n)}(0)=$________.

6. 设 $f(x)$ 为 $[0,+\infty)$ 上严格单调减小的连续函数，$0<a<1$，记

$$I_1=\int_0^a f(x)\,\mathrm{d}x,\ I_2=\int_1^{1+a} f(x)\,\mathrm{d}x$$

则 $I_1$ ________ $I_2$（填“>”或“<”或“=”）.

## 二、计算题

1. 计算下列定积分.

(1) $\int_0^{\pi}\sqrt{\sin^3 x-\sin^5 x}\,\mathrm{d}x$；

(2) $\int_0^{n\pi}\sqrt{1+\cos 2x}\,\mathrm{d}x$（$n$ 为正整数）；

(3) $\int_{-\frac{\pi}{2}}^{\frac{\pi}{2}}\left(\dfrac{\sin x}{1+\cos^2 x}+|x|\right)\mathrm{d}x$；

(4) $\int_0^1\dfrac{x\mathrm{e}^x}{(x+1)^2}\mathrm{d}x$；

(5) $\int_0^2 x\sqrt{2x-x^2}\,\mathrm{d}x$；

(6) $\int_0^{\frac{\pi}{2}}\sin x\cos x\,\mathrm{e}^{\sin^2 x}\mathrm{d}x$.

2. 计算下列反常积分.

(1) $\int_{-\infty}^{+\infty}\frac{1}{x^2+2x+2}dx$;

(2) $\int_{0}^{+\infty}\frac{x}{(1+x)^3}dx$;

(3) $\int_{1}^{e}\frac{1}{x\sqrt{1-(\ln x)^2}}dx$;

(4) $\int_{1}^{2}\frac{x}{\sqrt{x-1}}dx$.

3. 求函数 $F(x)=\int_{\sin x}^{\cos x}\cos(\pi t^2)dt$ 的微分.

4. 已知 $\int_0^x f(t)dt=\ln(1+e^{2x})$，求 $f(x)$.

5. 已知 $\int_0^x tf(2x-t)dt=\frac{1}{2}\arctan x^2$，$f(1)=1$，求 $\int_1^2 f(x)dx$.

6. 设 $f(x)$ 连续，且满足 $\int_0^1 f(tx)dt=f(x)-x\sin x$，$f(0)=1$，求 $f(x)$ 的显函数表达式.

7. 设函数 $y=f(x)$ 由方程 $\int_1^{x+y}e^{-t^2}dt-x=0$ 确定，求 $\left.\frac{d^2y}{dx^2}\right|_{x=0}$.

8. 设对任意的 $x>0$，曲线 $y=f(x)$ 在点 $(x,f(x))$ 处的切线在 $y$ 轴上的截距等于 $\frac{1}{x}\int_0^x f(t)dt$，求 $f(x)$ 的一般表达式.

9. 设函数 $y=f(x)$ 是实数域上的连续函数，且当 $x\to 0$ 时，$\int_0^{x^2+3x}tf(t)dt$ 是 $x^2$ 的等价无穷小，求 $f(0)$ 的值.

## 三、分析讨论题

1. 当 $k$ 为何值时，反常积分 $\int_2^{+\infty}\frac{1}{x(\ln x)^k}dx$ 发散；当 $k$ 为何值时，反常积分 $\int_2^{+\infty}\frac{1}{x(\ln x)^k}dx$ 收敛，并求出其值.

2. 设 $f(x)$ 为连续的奇函数，那么它的原函数是偶函数吗？请说明理由.

## 四、证明题

1. 定积分的不等式性质为：若在 $[a,b]$ 上 $f(x)\geqslant 0$，那么 $\int_a^b f(x)dx\geqslant 0$. 证明：如果 $f(x)$ 在 $[a,b]$ 上连续，$f(x)\geqslant 0$ 且 $f(x)\neq 0$，那么 $\int_a^b f(x)dx>0$.

2. 设函数 $f(x)$ 连续，$f(0)=0$，且 $f(x)$ 在 $x=0$ 处可导，$g(x)=\int_0^1 f(xt)dt$，证明：$g'(x)$ 在 $x=0$ 处连续.

3. 设函数 $f(x)$ 和 $g(x)$ 在 $[a,b]$ 上连续，且 $g(x)>0$，证明：存在 $\xi\in(a,b)$，使得

$$g(\xi)\int_a^b f(x)\,dx=f(\xi)\int_a^b g(x)\,dx$$

4. 设函数 $f(x)$ 在 $[0,1]$ 上连续，且 $\int_0^1 f(x)\,dx=0$，证明：至少存在一点 $\xi\in(0,1)$，使得

$$\int_0^{\xi} f(t)\,dt=f(\xi)$$

5. 函数 $f(x)>0$ 在区间 $[0,+\infty]$ 上连续，证明：函数 $F(x)=\dfrac{\int_0^x tf(t)\,dt}{\int_0^x f(t)\,dt}$ 在区间 $[0,+\infty]$ 上单调增加.

## 答案

### 一、填空题

1. 因为 $f(x)=x^2$ 在 $[0,1]$ 上连续，所以可积，即定积分 $\int_0^1 x^2dx$ 存在. 根据定积分的定义和一般到特殊的思想，和式的极限对任意分割，任意取点成立，则对特殊分割，特殊取点也成立.

2. $\dfrac{\pi}{2}$.

3. 牛顿-莱布尼茨公式，$\int_a^b f(t)\,dt=F(b)-F(a)$ [$F(x)$ 是 $f(x)$ 的一个原函数].

4. 1.

5. 0.

6. >.

### 二、计算题

1. (1) $\dfrac{4}{5}$；(2) $2\sqrt{2}n$；(3) $\dfrac{\pi^2}{4}$；(4) $\dfrac{e}{2}-1$；(5) $\dfrac{\pi}{2}$；(6) $\dfrac{e-1}{2}$.

2. (1) $\pi$；(2) $\dfrac{1}{2}$；(3) $\dfrac{\pi}{2}$；(4) $\dfrac{8}{3}$.

3. $[-\sin x\cos(\pi\cos^2x)-\cos x\cos(\pi\sin^2x)]dx$.

4. $\dfrac{2e^{2x}}{1+e^{2x}}$.

5. $\dfrac{3}{4}$.

6. $x\sin x-\cos x+2$.

7. $2e^2$.

8. $C_1\ln|x|+C_2$（$C_1,C_2$ 为任意常数）.

9. $\frac{2}{9}$.

**三、分析讨论题**

1. 当 $k\leqslant 1$ 时，反常积分 $\int_2^{+\infty}\frac{1}{x(\ln x)^k}\mathrm{d}x$ 发散；当 $k>1$ 时，反常积分 $\int_2^{+\infty}\frac{1}{x(\ln x)^k}\mathrm{d}x$ 收敛于 $\frac{1}{k-1}(\ln 2)^{1-k}$.

2. 是，理由如下：设 $F(x)=\int_a^x f(t)\mathrm{d}t+C$ 是 $f(x)$ 的一个原函数，则

$$F(-x)=\int_a^{-x}f(t)\mathrm{d}t+C\overset{\text{令}u=-x}{=}-\int_{-a}^{x}f(-u)\mathrm{d}u+C=\int_{-a}^{x}f(u)\mathrm{d}u+C$$

$$=\int_{-a}^{a}f(u)\mathrm{d}u+\int_a^x f(u)\mathrm{d}u+C=\int_a^x f(u)\mathrm{d}u+C=F(x)$$

故，$F(x)$ 是偶函数.

**四、证明题**

1. 提示：利用定积分对区间的可加性以及极限的保号性即可证得.

2. 提示：利用变量代换，将 $g(x)$ 变成变限积分，再利用导数的定义和函数在一点处连续的定义即可证得.

3. 提示：令 $F(x)=\int_a^x f(t)\mathrm{d}t$，$G(x)=\int_a^x g(t)\mathrm{d}t$，利用柯西中值定理即可证得.

4. 提示：令 $F(x)=\int_0^x f(t)\mathrm{d}t$，$\varphi(x)=\mathrm{e}^{-x}F(x)$，在 $[0,1]$ 上利用罗尔定理即可证得.

5. 提示：结合变限函数求导，通过证明 $F'(x)>0$ 来证明函数 $F(x)$ 在区间 $[0,+\infty]$ 上单调增加.

# 第六章　定积分的应用

## 学习目标

1. 理解定积分的元素法;体会化整为零、积零为整的数学思想;知道如何找微元.

2. 会用定积分表示和计算一些几何量和物理量(平面图形的面积、平面曲线的弧长、旋转体的体积、平行截面面积为已知的立体体积、变力沿直线所做的功、水压力、引力等).

3. 会应用元素法解决相关实际问题.

## 学习资料

### (一) 教材范围

《高等数学》同济大学 第八版 上册 第 267~288 页

### (二) 线上资源

资源 1

**资源 1**　王双馥. 关于在极坐标 $\varphi=\varphi(r)$ 形式下定积分的应用[J]. 大学数学,2008(4):188-190

资源 2

**资源 2**　定积分的元素法

### (三) 相关实际或军事问题

**实例 1**　在射击训练中,射程与命中率有很大关系,而射程又与子弹的发射角有关,当发射角不同时,射出的子弹所经过的路程不同,要使子弹所经过的路程最长,如何确定发射角?

**实例 2**　某部队执行任务时需要在野外打桩搭建帐篷,搭建帐篷需用气锤打桩,那么需要打击多少次才能达到深度要求?

**实例 3**　在军用油库油品检测实验室里,需要做化学分析实验,发现盛水的圆柱体量杯边缘处出现了一个小洞,此时没有多余可用的其他量杯,同组的一位同学建议:将该量杯倾斜支放着盛满原来量杯$\frac{1}{2}$的水. 他的提议正确吗?

实例 4

**实例 4**　刘莉. 定积分在解析变力做功问题中的应用[J]. 理科爱好者(教育教学),2021(5):7-8.

实例 5

**实例 5**　李蕊,苏娟丽. 定积分在水利工程计算中的应用研究[J]. 商丘职业技术学院学报,2023,22(1):70-74.

## 预习问题

1. 什么是元素法？它的使用对象是什么？元素法所体现的数学思想是什么？
2. 如何计算直角坐标系下平面图形的面积？如何计算极坐标系下平面图形的面积？
3. 如何计算旋转体的体积？如何计算平行截面面积已知的立体的体积？
4. 如何计算直角坐标系和极坐标系下平面曲线的弧长？
5. 如何计算变力沿直线所做的功？
6. 如何计算水压力？
7. 如何计算引力？

## 练习题

### (一) 基础练习

1. 求抛物线 $y=-x^2+4x-3$ 及其在点 $(0,-3)$ 和 $(3,0)$ 处的切线所围成的图形面积.

2. 求对数螺线 $\rho=ae^{\theta}(-\pi\leqslant\theta\leqslant\pi)$ 及射线 $\theta=\pi$ 所围成的图形面积.

3. 由 $y=x^3$, $x=2$, $y=0$ 所围成的图形分别绕 $x$ 轴和 $y$ 轴旋转，计算两个旋转体的体积.

4. 计算底面是半径为 $R$ 的圆，而垂直于底面上一条固定直径的所有截面都是等边三角形的立体体积.

5. 计算抛物线 $y^2=2px$ 从顶点到这曲线上一点 $M(x,y)$ 的弧长.

6. 求心形线 $\rho=a(1+\cos\theta)$ 的全长.

7. 直径为 20 cm、高为 80 cm 的圆筒内充满压强为 10 $N/cm^2$ 的蒸汽. 设温度保持不变，要使蒸汽体积缩小一半，问需要做多少功？

8. 有一等腰梯形闸门，它的两条底边各长 10 m 和 6 m，高为 20 m. 较长的底边与水面相齐. 计算闸门的一侧所受的水压力.

9. 设有一长度为 $l$、线密度为 $\mu$ 的均匀细直棒，在与棒的一端垂直距离为 $a$ 单位处有一质量为 $m$ 的质点 $M$，试求细棒对质点 $M$ 的引力.

### (二) 能力提升

1. 设曲线 $y=ax^2(a>0,x\geqslant 0)$ 与 $y=1-x^2$ 交于点 $A$. 过坐标原点 $O$ 和点 $A$ 的直线与曲线 $y=ax^2$ 围成一个平面图形. 问：$a$ 为何值时，该图形绕 $x$ 轴旋转一周所得的旋转体的体积最大？

## 答案

### (一) 基础练习

1. $\dfrac{9}{4}$.

2. $\dfrac{a^2}{4}(e^{2\pi}-e^{-2\pi})$.

3. $\frac{128}{7}\pi, \frac{64}{5}\pi$.

4. $\frac{4\sqrt{3}}{3}R^3$.

5. $\frac{1}{2p}y\sqrt{p^2+y^2}+\frac{1}{2}p\ln\frac{y+\sqrt{p^2+y^2}}{p}$.

6. $8a$.

7. $800\pi\ln 2\approx 1\ 742(\mathrm{J})$.

8. $1.437\ 3\times 10^7(\mathrm{N})$.

9. $F_x=-\frac{Gm\mu l}{a\sqrt{a^2+l^2}}, F_y=m\mu G\left(\frac{1}{a}-\frac{1}{\sqrt{a^2+l^2}}\right)$.

能力提升
第1题讲解视频

## (二)能力提升

1. $a=4$.

# 本章小结

## 知识框架

- 定积分的应用
  - 元素法
    - 思想：化整为零，积零为整
    - 方法：微元的积分和
    - 关键：微元的求法
    - 步骤：选分割，求微元，算积分
  - 计算
    - 几何量
      - 面积
        - 定积分几何意义
        - 定积分元素法
        - 二重积分（被积函数为1时的几何意义）
        - 线积分（格林公式）
      - 体积
        - 旋转体（绕$x$轴，绕$y$轴）
        - 平行截面面积为已知的图形体积
        - 二重积分（几何意义）
        - 三重积分（被积函数为1时的几何意义）
      - 曲线弧长
        - 参数方程形式
        - 一般方程形成
        - 极坐标形式
    - 物理量
      - 做功问题
      - 水压力问题
      - 引力问题

## 概念方法问题梳理

本章利用定积分分析解决一些几何、物理问题,从广义上讲就是数学建模,即利用数学方法解决一些实际问题.

概念方法问题梳理

**问题一** 微元法从哪里引进的？用微元法分析实际问题是针对什么量而言的？其关键问题是什么？

**问题二** 求平面曲线围成图形的面积有哪些方法(排除初等特殊方法)？极坐标情形如图 6-1 所示,$\mathrm{d}A=\dfrac{1}{2}[\rho(\theta)]^2\mathrm{d}\theta$ 是怎么推导而来的？

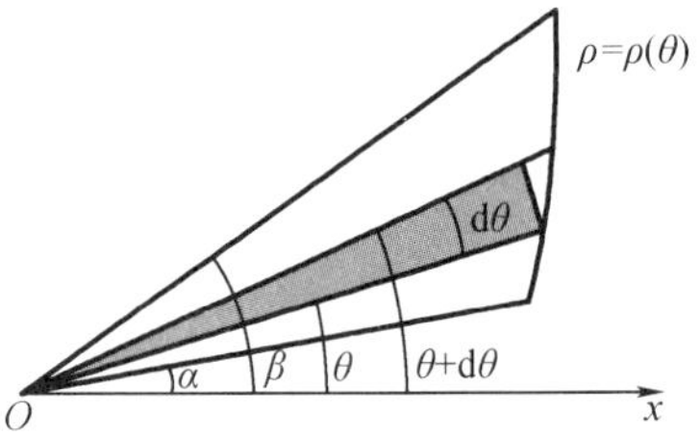


图 6-1　极坐标所围图形

**问题三**　为什么这一章仅讨论旋转体体积两种情形,以及平行截面为“已知”的立体体积?写出求体积微元的公式.

**问题四**　前一章所学的弧微分对求平面曲线弧长有什么意义?对于曲线的形式(参数式、显函数),写出它们的弧微分,并指出其规律.

**问题五**　常见物理量中哪些是可加量,哪些不是可加量?质点在变力作用下沿直线做功,其元功与微元有什么关系?

**问题六**　水压力、引力不可加,怎么处理?

**问题七**　尽可能将几何量与物理量延伸到军事上并用文字表达.

### 难点、疑点问题

**问题一**　针对可加量的实际问题,“找微元”是难点,谈谈你是怎么做的?

# 本 章 练 习

本章练习讲解

1. 求曲线 $x^2+3y^2=6y$ 与直线 $y=x$ 所围图形的面积.(两部分都要计算.)

2. 求介于直线 $x=0,x=2\pi$ 之间且由曲线 $y=\sin x$ 和 $y=\cos x$ 所围图形的面积.

3. 求由 $x^2+y^2=2x,x^2+y^2=4x$ 和直线 $y=x,y=0$ 所围图形的面积.

4. 已知星形线 $\begin{cases}x=a\cos^3 t\\ y=a\sin^3 t\end{cases}(a>0)$. 求:(1)它所围图形的面积;(2)它的弧长;(3)它绕 $x$ 轴旋转而成的旋转体体积.

5. 在第一象限内求曲线 $y=-x^2+1$ 上的一点,使该点处的切线与所给曲线及两坐标轴所围成的图形面积为最小,并求此最小面积.

6. 已知抛物线 $y=ax^2+bx+c$ 过坐标原点,在区间(0,1)内满足 $y>0$,它与直线 $x=1,y=0$ 所围图形面积等于$\frac{4}{3}$. 试确定 $a$、$b$、$c$ 的值,使该图形绕 $x$ 轴旋转所得的旋转体的体积最小.

7. 设平面图形 $A$ 由 $x^2+y^2\leqslant 2x$ 与 $y\geqslant x$ 所确定,求图形 $A$ 绕直线 $x=2$ 旋转一周所得旋转体的体积.

8. 求摆线$\begin{cases}x=1-\cos t\\y=t-\sin t\end{cases}$一拱$(0\leqslant t\leqslant 2\pi)$的弧长 $s$.

9. 一个均匀的物体,高 4 m,水平截面积 $S$ 是高度 $h$(从底部算起)的函数,即 $S=20+3h^2$. 已知物体的密度与水的密度同为 $10^3$ kg/m$^3$,此物体沉在水中,上表面与水面齐平. 将此物体打捞出水,至少需要做多少功?(设重力加速为 10 m/s$^2$.)

10. 一根长为 $l$,质量为 $M$ 的均匀细棒,在它的一端垂线上且距棒 $a$ 处有一质量为 $m$ 的质点,求棒对质点的引力.

# 本章自测

## 一、填空题

1. 水利工程中要计算拦水闸门所受的水压力. 已知闸门上水的压强 $P$ 是水深 $h$ 的函数,若闸门高 $H=3$ m,宽 $L=2$ m,水面与闸门顶相齐时闸门所受的水压力 $F$ 可表示为________.

2. 设曲线$f(x)$在$[a,b]$上具有一阶连续导数,那么对应 $a\leqslant x\leqslant b$ 的曲线弧的长度为________.

3. 当 $t\in[0,2\pi]$时,曲线$\begin{cases}x=2(1-\cos t)\\y=2(t-\sin t)\end{cases}$对应的弧长为________.

4. 设曲线 $y=x^2$ 与 $y=cx^3(c>0)$所围成的图形面积为$\dfrac{2}{3}$,则 $c=$________.

5. 位于曲线 $y=\dfrac{1}{1+x^2}$的下方、$x$ 轴上方的图形面积为________.

## 二、计算题

1. 计算由曲线 $y=3-x^2$ 与 $y=2x$ 所围图形的面积 $S$.

2. 计算曲线 $y=\dfrac{2}{3}x^{\frac{3}{2}}$与直线 $x=1$, $x=2$, $x$ 轴所围成的图形的面积 $S$、这段曲线的弧长 $s$ 及其绕 $x$ 轴旋转一周所围成立体的体积 $V$.

3. 计算曲线 $y=\mathrm{e}^x$ 与 $x$ 轴之间位于第二象限的平面图形的面积 $S$,以及此平面图形绕 $y$ 轴旋转一周所形成的旋转体的体积 $V$.

4. 计算曲线 $y=\ln(1-x^2)$上相应于 $0\leqslant x\leqslant\dfrac{1}{2}$的一段弧的长度 $s$.

5. 设曲线 $y=ax^2+bx$,当 $0\leqslant x\leqslant 1$ 时,$y\geqslant 0$,又已知该曲线与 $x$ 轴及直线 $x=1$ 所围图形的面积为$\dfrac{1}{3}$. 试确定 $a$,$b$ 的值,使此图形绕 $x$ 轴旋转一周所得旋转体的体积最小.

6. 过原点作曲线 $y=\ln x$ 的切线,该切线与曲线 $y=\ln x$ 及 $x$ 轴围成的区域为 $D$. 求:(1)$D$ 的面积 $A$;(2)$D$ 绕 $y$ 轴旋转所成旋转体的体积 $V$.

7. 已知由圆 $x^2+(y-a)^2=16(a>4)$ 所围的平面图形绕 $x$ 轴旋转所成立体的体积为 $160\pi^2$，求 $a$ 的值.

8. 求摆线的一拱 $\begin{cases}x=a(t-\sin t)\\y=a(1-\cos t)\end{cases}$，$0\leqslant t\leqslant 2\pi$ 与 $x$ 轴围成的图形绕 $x$ 轴旋转一周所成的旋转体的体积 $V$.

9. 求由 $x^2+(y-2)^2\leqslant 1$ 绕 $x$ 轴旋转一周所得旋转体的体积 $V$.

## 答案

### 一、填空题

1. $F=\int_0^3 2\rho gh\mathrm{d}h=88.2\ \mathrm{kN}$.

2. $\int_a^b\sqrt{1+f'^2(x)}\mathrm{d}x$.

3. 16.

4. $\dfrac{1}{2}$.

5. $\pi$.

### 二、计算题

1. 曲线 $y=3-x^2$ 与 $y=2x$ 交点坐标为 $(-3,-6)$ 和 $(1,2)$，故所求面积为

$$S=\int_{-3}^1[(3-x^2)-2x]\mathrm{d}x=\frac{32}{3}$$

2. 所求面积：$S=\int_1^2\dfrac{2}{3}x^{\frac{3}{2}}\mathrm{d}x=\dfrac{4(4\sqrt{2}-1)}{15}$；

所求弧长：$s=\int_1^2\sqrt{1+\left(\dfrac{2}{3}x^{\frac{3}{2}}\right)'^2}\mathrm{d}x=\int_1^2\sqrt{1+x}\,\mathrm{d}x=\dfrac{2(3\sqrt{3}-2\sqrt{2})}{3}$；

所求体积：$V=\pi\int_1^2\left(\dfrac{2}{3}x^{\frac{3}{2}}\right)^2\mathrm{d}x=\dfrac{5}{3}\pi$.

3. $S=\int_{-\infty}^0\mathrm{e}^x\mathrm{d}x=1$，$V=\pi\int_0^1(\ln y)^2\mathrm{d}y=\lim\limits_{\varepsilon\to 0^+}\pi\int_\varepsilon^1(\ln y)^2\mathrm{d}y=2\pi$.

4. $\mathrm{d}s=\sqrt{1+y'^2}\mathrm{d}x=\dfrac{1+x^2}{1-x^2}\mathrm{d}x\left(0\leqslant x\leqslant\dfrac{1}{2}\right)$，$s=\int_0^{\frac{1}{2}}\dfrac{1+x^2}{1-x^2}\mathrm{d}x=\ln 3-\dfrac{1}{2}$.

5. $\dfrac{1}{3}=\int_0^1(ax^2+bx)\mathrm{d}x=\dfrac{a}{3}+\dfrac{b}{2}\Rightarrow b=\dfrac{2}{3}(1-a)$.

所围图形绕 $x$ 轴旋转一周所得旋转体的体积为

$$V(a)=\pi\int_0^1(ax^2+bx)^2\mathrm{d}x=\pi\int_0^1\left[ax^2+\frac{2}{3}(1-a)x\right]^2\mathrm{d}x$$

$$=\frac{1}{5}\pi a^2+\pi\frac{1}{3}a(1-a)+\frac{4}{27}\pi(1-a)^2$$

令 $V'(a)=\frac{2}{5}\pi a+\pi\frac{1}{3}(1-2a)-\frac{8}{27}\pi(1-a)=0$,得 $a=-\frac{5}{4}$,进而求得 $b=\frac{3}{2}$.

6. 根据切线过原点,求出切点为(e,1),进而:

(1)$D$ 的面积 $A=\int_0^1 \mathrm{e}^y\mathrm{d}y-\frac{1}{2}\cdot\mathrm{e}\cdot 1=\frac{\mathrm{e}}{2}-1$ 或者 $A=\frac{1}{2}\cdot\mathrm{e}\cdot 1-\int_1^{\mathrm{e}}\ln x\mathrm{d}x=\frac{\mathrm{e}}{2}-1$;

(2)$D$ 绕 $y$ 轴旋转所成旋转体的体积 $V=\pi\int_0^1 \mathrm{e}^{2y}\mathrm{d}y-\frac{1}{3}\cdot 1\cdot\pi\mathrm{e}^2=\frac{\pi}{2}\left(\frac{\mathrm{e}^2}{3}-1\right)$.

7. $V=\pi\int_{-4}^4\left[\left(a+\sqrt{4^2-x^2}\right)^2-\left(a-\sqrt{4^2-x^2}\right)^2\right]\mathrm{d}x=32\pi^2a=160\pi^2\Rightarrow a=5$.

8. $V=\int_0^{2\pi}\pi y^2\mathrm{d}x=\int_0^{2\pi}\pi a^3(1-\cos t)^3\mathrm{d}t=5\pi^2a^2$.

9. $\mathrm{d}V=\pi\left[\left(2+\sqrt{1-x^2}\right)^2-\left(2-\sqrt{1-x^2}\right)^2\right]\mathrm{d}x=8\pi\sqrt{1-x^2}\,\mathrm{d}x$,即

$$V=\int_{-1}^1 8\pi\sqrt{1-x^2}\,\mathrm{d}x=4\pi^2$$

# 第七章　微 分 方 程

## 第一节　微分方程的基本概念 可分离变量微分方程 齐次方程

### 学习目标

1. 了解微分方程在各实际领域的应用；初步了解数学建模.

2. 能类比关于数的方程理解微分方程的含义、微分方程的阶、微分方程的解（解、通解、特解）.

3. 了解讨论微分方程的思路；会对微分方程进行分类，并能判断微分方程的类型.

4. 能判断可分离变量微分方程、齐次方程；会求可分离变量微分方程、齐次方程的通解、特解.

5. 掌握齐次方程求解方法中的“变量代换”方法，领悟其中的转化思想；会求解部分能通过变量代换进行求解的微分方程.

### 学习资料

**（一）教材范围**

《高等数学》 同济大学 第八版 上册 第 289~306 页

**（二）线上资源**

资源 1(1)

**资源 1**

（1）微分方程的解、所有解、通解；

（2）可分离变量微分方程的求解方法；

（3）分离变量时的“增解”和“失解”现象

资源 1(2)

**（三）相关实际或军事问题**

**实例 1**　兰切斯特作战模型（第一线性定律）

设定单位时间内红蓝双方的平均战斗损耗率分别是固定常数 $\alpha$ 和 $\beta$，由此

资源 1(3)

可建立如下微分方程组：$\begin{cases} \dfrac{dR}{dt}=-\alpha \\ \dfrac{dB}{dt}=-\beta \end{cases}$，求 $B$、$R$.

**实例 2** 空降兵又称伞兵，主要以伞降或机降的方式作战，其优势是装备轻型化、高度机动化等，是现代化立体战争中的一个重要角色. 假设某一次行动，伞兵从直升机跳下，设降落伞打开后，所受空气阻力与速度成正比.

建立数学模型，设降落伞下落速度为 $v(t)$，下落时受到重力 $G=mg$ 与阻力 $R=kv$（$k$ 为比例系数），那么降落伞所受外力为 $F=mg-kv$，根据牛顿第二定律 $F=ma$（$a$ 为加速度），得到 $v(t)$ 要满足的方程为 $m\dfrac{\mathrm{d}v}{\mathrm{d}t}=mg-kv$，设降落伞的初始速度为零，求降落伞下降速度与时间的函数关系.

**实例 3** 最速降线问题.

如图 7-1 所示，在一个垂直平面上，一个小球在重力作用下，由静止出发从给定点 $A$ 到不在垂直方向下方的点 $B$，如果不计摩擦力，沿什么曲线下滑所需时间最短？

实例 3

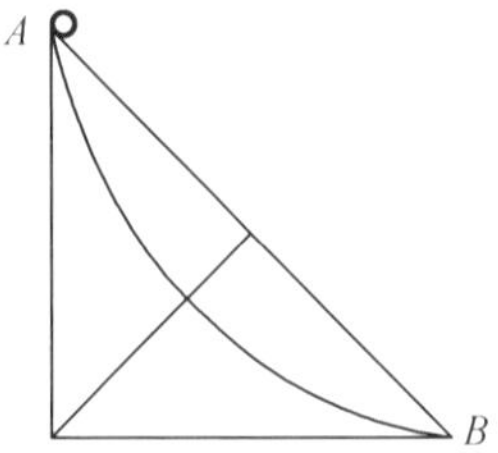


图 7-1

## 预习问题

1. 如何判断微分方程的阶？微分方程的解、通解、特解分别是什么？微分方程的解、所有解、通解是一回事吗？

2. 可分离变量微分方程的特点是什么？如何求解可分离变量微分方程的通解？

3. 当判断某方程为可分离变量微分方程，对方程进行分离变量时，会不会产生“失解”和“增解”的现象？

4. 为什么求解可分离变量方程 $g(y)\mathrm{d}y=f(x)\mathrm{d}x$ 时，可以将两边积分并转化为 $\int g(y)\mathrm{d}y=\int f(x)\mathrm{d}x$ 进行求解？

5. 齐次方程的特点是什么？如何求解齐次方程的通解？

## 练习题

### （一）基础练习

1. 判断下列微分方程的类型，并求通解.

（1）$(e^{x+y}-e^x)\mathrm{d}x+(e^{x+y}+e^y)\mathrm{d}y=0$；

（2）$(x^3+y^3)\mathrm{d}x-3xy^2\mathrm{d}y=0$.

2. 求微分方程$\begin{cases} xy\dfrac{dy}{dx}=x^2+y^2 \\ y|_{x=e}=2e \end{cases}$的特解.

**(二)能力提升**

1. 求方程$(y^2-3x^2)dy+2xydx=0$的通解.

2. 空降兵又称伞兵,主要是以伞降或机械的方式作战,其优势是装备轻型化、高度机动化等,是现代化立体战争中的一个重要角色. 假设某一次行动,伞兵从直升机跳下,设降落伞打开后,所受空气阻力与速度成正比.

建立数学模型,设降落伞下落速度为$v(t)$,下落时受到重力$G=mg$与阻力$R=kv$($k$为比例系数),那么降落伞所受外力为$F=mg-kv$,根据牛顿第二定律$F=ma$($a$为加速度),得到$v(t)$要满足的方程为$m\dfrac{dv}{dt}=mg-kv$,设降落伞的初始速度为零,求降落伞下降速度与时间的函数关系.

## 答案

**(一)基础练习**

1. (1)$(e^x+1)(e^y-1)=C$;(2)$x^3-2y^3=Cx$.

2. $y^2=2(\ln|x|+1)x^2$.

**(二)能力提升**

1. $x^2-y^2=Cy^3$

2. 已知$m\dfrac{dv}{dt}=mg-kv$,$v|_{t=0}=0$,该方程为可分离变量的微分方程,故分离变量得

$$\frac{dv}{mg-kv}=\frac{dt}{m}$$

能力提升
第2题讲解视频

两边积分$\displaystyle\int\frac{dv}{mg-kv}=\int\frac{dt}{m}$,得

$$-\frac{1}{k}\ln(mg-kv)=\frac{t}{m}+C_1$$

即

$$mg-kv=e^{-\frac{k}{m}t-kC_1}$$

或

$$v=\frac{mg}{k}+Ce^{-\frac{k}{m}t}$$

其中

$$C=-\frac{e^{-kC_1}}{k}$$

将初值条件 $v\big|_{t=0}=0$ 代入，得 $C=-\dfrac{mg}{k}$，故所求特解为

$$v=\frac{mg}{k}\left(1-e^{-\frac{k}{m}t}\right)$$

# 第二节　一阶线性微分方程

## 学习目标

1. 了解线性的含义；会判断一阶齐次线性方程和一阶非齐次线性方程.
2. 掌握一阶齐次线性方程和一阶非齐次线性方程的解法.
3. 初步了解线性方程解的结构.

## 学习资料

### （一）教材范围

《高等数学》 同济大学 第八版 上册 第 307～313 页

### （二）线上资源

**资源 1**　一阶线性微分方程解的结构

资源 1

### （三）相关实际或军事问题

**实例 1**　有一种电路，其中电源电动势为 $E=E_{\mathrm{m}}\sin\omega t$（$E_{\mathrm{m}}$ 和 $\omega$ 都是常量），电阻 $R$ 和电感 $L$ 都是常量，由电学知识可知，当电流变化时，$L$ 上有感应电动势 $-L\dfrac{\mathrm{d}i}{\mathrm{d}t}$，由回路电压定律可知 $E-L\dfrac{\mathrm{d}i}{\mathrm{d}t}-iR=0$，将 $E=E_{\mathrm{m}}\sin\omega t$ 代入，可得方程 $\dfrac{\mathrm{d}i}{\mathrm{d}t}+\dfrac{R}{L}i=\dfrac{E_{\mathrm{m}}}{L}\sin\omega t$，求方程解得电流 $i(t)$.

## 预习问题

1. 一阶齐次线性微分方程是不是可分离变量型微分方程？如何求其通解？通解有什么特点？

2. 常数变易法是什么？求一阶非齐次线性方程的通解的方法是什么？它的通解有什么特点？

## 练习题

### （一）基础练习

1. 设 $y_1$、$y_2$ 是一阶非齐次线性微分方程的两个不同的解，求该方程的通解.

2. 求方程 $xy'+2y=3x$ 的通解.

(二) 能力提升

1. 求微分方程 $y^2dx-(y^2+2xy-x)dy=0$ 的通解及满足初始条件 $y(1)=1$ 的特解.

2. 已知可导函数 $f(x)$ 满足 $f(x)\cos x+2\int_0^x f(t)\sin t dt=x+1$, 求 $f(x)$.

## 答案

(一) 基础练习

1. $y=C(y_1-y_2)+y_1$ 或 $y=C(y_1-y_2)+y_2$.

2. 可看作齐次方程和一阶线性微分方程进行求解, $C(x^3-x^2y)=1$ 或 $y=\frac{C}{x^2}+x$.

(二) 能力提升

1. 通解为 $x=y^2+Cy^2e^{\frac{1}{y}}$; 特解为 $x=y^2$.

2. $f(x)=\sin x+\cos x$.

能力提升
第 2 题讲解视频

# 第三节 可降阶微分方程(高阶微分方程)

## 学习目标

1. 了解高阶微分方程的初步分类;知道可降阶微分方程为高阶微分方程的特殊情形,可通过降阶转化为已知的一阶微分方程.

2. 会判断三种可降阶微分方程的类型,并掌握其解法.

## 学习资料

(一) 教材范围

《高等数学》 同济大学 第八版 上册 第 313~321 页

(二) 线上资源

**资源 1** 几种可降阶微分方程的求解思路

资源 1

(三) 相关实际或军事问题

**实例 1** 高速的子弹击穿墙体后,速度通常会下降很多,主要是因为受到了墙的阻力.设子弹以 200 m/s 的速度射入厚 0.1 m 的墙,受到的阻力大小与子弹的速度平方成正比,如果子弹穿出墙时的速度为 80 m/s,以射入的方向为 $x$ 轴,子弹与墙的接触点为原点,根据受力分析,利用牛顿第二定律得 $m\frac{\mathrm{d}^2x}{\mathrm{d}t^2}=-k\left(\frac{\mathrm{d}x}{\mathrm{d}t}\right)^2$($k,m$ 为常数),求子弹穿过墙的时间.

## 预习问题

1. 可降阶微分方程的求解思路是什么?

2. 二阶微分方程的一般形式是什么?可降阶的二阶微分方程有哪些,分别有什么特点?

3. 形如 $y^{(n)}=f(x)$ 的微分方程的解法是什么?形如 $y''=f(x,y')$ 的微分方程的解法是什么?形如 $y''=f(y,y')$ 的微分方程的解法是什么?形如 $y''=f(y)$ 的微分方程的解法是什么?

## 练习题

### (一)基础练习

1. 求下列微分方程的通解.

(1) $y'''=\sin x-\cos x$;

(2) $y''-\frac{1}{x}y'=0$;

(3) $y''=1+y'^2$;

(4) $y^3y''-1=0$.

### (二)能力提升

1. 高速的子弹击穿墙体后,速度通常会下降很多,主要是因为受到了墙的阻力.设子弹以 200 m/s 的速度射入厚 0.1 m 的墙,受到的阻力大小与子弹的速度平方成正比,如果子弹穿出墙时的速度为 80 m/s,以射入的方向为 $x$ 轴,子弹与墙的接触点为原点,根据受力分析,利用牛顿第二定律得 $m\frac{\mathrm{d}^2x}{\mathrm{d}t^2}=-k\left(\frac{\mathrm{d}x}{\mathrm{d}t}\right)^2$($k,m$ 为常数),求子弹穿过墙的时间.

## 答案

### (一)基础练习

1. (1) $y=\cos x+\sin x+C_1x^2+C_2x+C_3$;

(2) $y=C_1x^2+C_2$;

(3) $y=-\ln|\cos(x+C_1)|+C_2$;

(4) $C_1y^2-1=(C_1x+C_2)^2$.

### (二)能力提升

1. 设子弹穿过墙的时间为 $t_1$,由题意知:

$$x(0)=0,x'(0)=200,x(t_1)=0.1,x'(t_1)=80$$

能力提升
第 1 题讲解视频

则

$$m\frac{d^2x}{dt^2}=-k\left(\frac{dx}{dt}\right)^2$$

是一个可降阶的二阶微分方程.

令$\frac{dx}{dt}=p(t)$,则$\frac{d^2x}{dt^2}=p'(t)$,于是原方程变为

$$mp'(t)=-kp^2(t)$$

分离变量得

$$\frac{dp(t)}{p^2(t)}=-\frac{k}{m}dt$$

两边积分得

$$\int\frac{dp(t)}{p^2(t)}=\int-\frac{k}{m}dt$$

即

$$-\frac{1}{p(t)}=-\frac{k}{m}t+C_1$$

代入初始条件 $p(0)=x'(0)=200$,得 $C_1=-\frac{1}{200}$.

于是 $p(t)=\frac{1}{\frac{k}{m}t+\frac{1}{200}}$,即 $x'(t)=\frac{1}{\frac{k}{m}t+\frac{1}{200}}$.

积分,得

$$x(t)=\frac{m}{k}\ln\left(\frac{k}{m}t+\frac{1}{200}\right)+C_2$$

代入初始条件 $x(0)=0$,得 $C_2=\frac{m}{k}\ln 200$.

故原方程的特解为

$$x(t)=\frac{m}{k}\ln\left(\frac{200k}{m}t+1\right)$$

代入初始条件 $x(t_1)=0.1,x'(t_1)=80$,得

$$\begin{cases}\frac{m}{k}\ln\left(\frac{200k}{m}t_1+1\right)=0.1\\ \frac{1}{\frac{k}{m}t_1+\frac{1}{200}}=80\end{cases}$$

解得 $t_1=\frac{3}{4\ 000\ln 2.5}(\mathrm{s})\approx 8.185\ 2\times10^{-4}(\mathrm{s})$,$\frac{k}{m}=10\ln 2.5$.

# 第四节 高阶线性微分方程 二阶常系数齐次线性微分方程

## 学习目标

1. 了解线性的含义;会判断高阶(二阶)齐次线性方程和高阶(二阶)非齐次线性方程.
2. 掌握二阶齐次线性方程和二阶非齐次线性方程的解的结构.
3. 会判断函数的线性相关性和线性无关性.
4. 会根据线性微分方程解的结构求解二阶常系数齐次线性微分方程.

## 学习资料

### (一)教材范围

《高等数学》同济大学 第八版 上册 第321~339页

### (二)线上资源

**资源1** 二阶线性微分方程的解的结构

资源1

### (三)相关实际或军事问题

**实例1** 设有一弹簧,它的上端固定,下端挂一个质量为$m$的物体.当物体处于静止状态时,作用在物体上的重力与弹性力大小相等、方向相反,这个位置就是物体的平衡位置.取$x$轴铅直向下,并取物理的平衡位置为坐标原点.

如果使物体具有一个初始速度$v_0\neq0$,那么物体会在平衡位置附近做上下运动,在运动过程中物体的位置$x$与时间$t$存在函数关系$x=x(t)$.由力学知识,能得到物体自由振动的微分方程为$\frac{\mathrm{d}^2x}{\mathrm{d}t^2}+2\frac{\mu}{m}\frac{\mathrm{d}x}{\mathrm{d}t}+\frac{c}{m}x=0$($\mu$为阻力$R$与速度的正比例系数,$c$为使物体回到平衡位置的弹性恢复力与位移$x$的正比例系数),求$x=x(t)$.

## 预习问题

1. 高阶线性微分方程的标准型是怎样的?高阶齐次线性微分方程的解有什么结构?高阶非齐次线性微分方程的解有什么结构,解的结构为求解方程的通解提供了什么帮助?

2. 二阶常系数齐次线性微分方程是不是可降阶微分方程?根据什么方法求方程的通解?通解有什么特点?

3. 对于二阶常系数齐次线性微分方程,通常寻求它的特解时依据什么?

## 练习题

### (一)基础练习

1. 设 $y_1$、$y_2$ 是二阶齐次线性微分方程 $y''+p(x)y'+q(x)y=0$ 的两个特解,要满足什么条件才能求出方程的通解,并将其通解表示出来.

2. 设 $y_1$、$y_2$ 是二阶齐次线性微分方程 $y''+p(x)y'+q(x)y=0$ 的两个线性无关的特解,$y^*$ 是二阶非齐次线性微分方程 $y''+p(x)y'+q(x)y=f(x)$ 的一个特解,将非齐次线性方程的通解表示出来.

3. 设 $y_1$、$y_2$、$y_3$ 是二阶非齐次线性微分方程 $y''+p(x)y'+q(x)y=f(x)$ 的特解,要满足什么条件才能求出方程的通解,并将其通解表示出来.

4. 求方程 $y''-ay=0$ 的通解.

### (二)能力提升

1. 求方程 $\frac{d^2s}{dt^2}+2\frac{ds}{dt}+s=0$ 满足初值条件 $s|_{t=0}=4, \left.\frac{ds}{dt}\right|_{t=0}=-2$ 的特解.

## 答案

### (一)基础练习

1. 要满足 $y_1$、$y_2$ 线性无关的条件才能求出方程的通解,通解可表示为 $y=C_1y_1+C_2y_2$.

2. $y=C_1y_1+C_2y_2+y^*$.

3. 要满足 $y_1-y_2$、$y_1-y_3$、$y_2-y_3$ 中两个函数线性无关的条件才能求出方程的通解,通解可表示为 $y=C_1(y_1-y_2)+C_2(y_1-y_3)+y_1$ 或其他.

(提示:根据非齐次线性微分方程解的结构求解,即非齐次的通解=对应齐次的通解+非齐次的一个特解.)

4. 当 $a>0$ 时,通解 $y=C_1e^{\sqrt{a}x}+C_2e^{-\sqrt{a}x}$;

当 $a=0$ 时,通解 $y=C_1+C_2x$;

当 $a<0$ 时,通解 $y=C_1\cos\sqrt{-a}x+C_2\sin\sqrt{-a}x$.

### (二)能力提升

1. $s=(4+2t)e^{-t}$.

# 第五节 二阶常系数非齐次线性微分方程

## 学习目标

1. 会判断二阶常系数非齐次线性方程,掌握它的解的结构,理解解的叠加原理.

2. 会求两种类型的二阶常系数非齐次线性方程的解.

## 学习资料

### (一)教材范围

《高等数学》同济大学 第八版 上册 第339~346页

### (二)线上资源

**资源1** 二阶常系数非齐次线性方程的求解思路

资源1

### (三)相关实际或军事问题

**实例1** (参考上一节实例1)质量为 $m$ 的物体自由悬挂在一段固定的弹簧上,当重力与弹性力抵消时,物体处于平衡状态.若用手向下拉物体,物体离开平衡位置,再将手放开,物体在弹性力和阻力作用下上下反复运动.假设阻力的大小与运动速度成正比,取 $x$ 轴铅直向下,并取物理的平衡位置为坐标原点建立坐标系.若物体在运动过程中还受到铅直外力 $F=H\sin pt$ 的作用,令 $\frac{H}{m}=h$,可得强迫振动方程 $\frac{\mathrm{d}^2x}{\mathrm{d}t^2}+2\frac{\mu}{m}\frac{\mathrm{d}x}{\mathrm{d}t}+\frac{c}{m}x=h\sin pt$,求 $x=x(t)$.

**实例2** 大炮以仰角 $\alpha$、初速度 $v_0$ 发射炮弹,若不计空气阻力,求其弹道曲线.

## 预习问题

1. 求解二阶常系数非齐次线性方程的思路是什么?

2. 非齐次线性微分方程的解的叠加原理指的是什么,其对求解方程有什么帮助?

3. 常系数非齐次线性方程的标准型是什么? 求解的方法是什么?

4. 对于 $y''+py'+qy=\mathrm{e}^{\lambda x}P_m(x)$ 类型的二阶常系数非齐次线性微分方程,怎么设特解? 对于 $y''+py'+qy=\mathrm{e}^{\lambda x}[P_l(x)\cos\omega x+Q_n(x)\sin\omega x]$ 类型的二阶常系数非齐次线性微分方程,怎么设特解?

## 练习题

### (一)基础练习

1. 求下列微分方程的通解.

(1) $2y''+5y'=5x^2-2x-1$;

(2) $2y''+y'-y=2e^x$;

(3) $y''-2y'+5y=e^x\sin 2x$;

(4) $y''-6y'+9y=(x+1)e^{3x}$;

(5) $y''+y=e^x+\cos x$.

### (二)能力提升

1. 方程 $y''+ay'+by=ce^x$ 的一个特解为 $y=e^{2x}+(1+x)e^x$,求方程的通解.

2. 设 $f(x)=\sin x-\int_0^x(x-t)f(t)\,dt$, 其中 $f(x)$ 为连续函数,求 $f(x)$.

## 答案

### (一)基础练习

1. (1) $y=C_1+C_2e^{-\frac{5}{2}x}+\frac{1}{3}x^3-\frac{3}{5}x^2+\frac{7}{25}x$;

(2) $y=C_1e^{\frac{1}{2}x}+C_2e^{-x}+e^x$;

(3) $y=e^x(C_1\cos 2x+C_2\sin 2x)-\frac{1}{4}xe^x\cos 2x$;

(4) $y=e^{3x}(C_1+C_2x)+e^{3x}\left(\frac{1}{6}x+\frac{1}{2}\right)x^2$;

(5) $y=C_1\cos x+C_2\sin x+\frac{1}{2}e^x+\frac{1}{2}x\sin x$.

### (二)能力提升

1. 将特解代入微分方程可求出 $a,b,c$,再解二阶常系数非齐次方程,得方程的通解为 $y=C_1e^x+C_2e^{2x}+xe^x$.

2. $f(x)=\frac{1}{2}\sin x+\frac{x}{2}\cos x$.

# 本章小结

## 知识框架

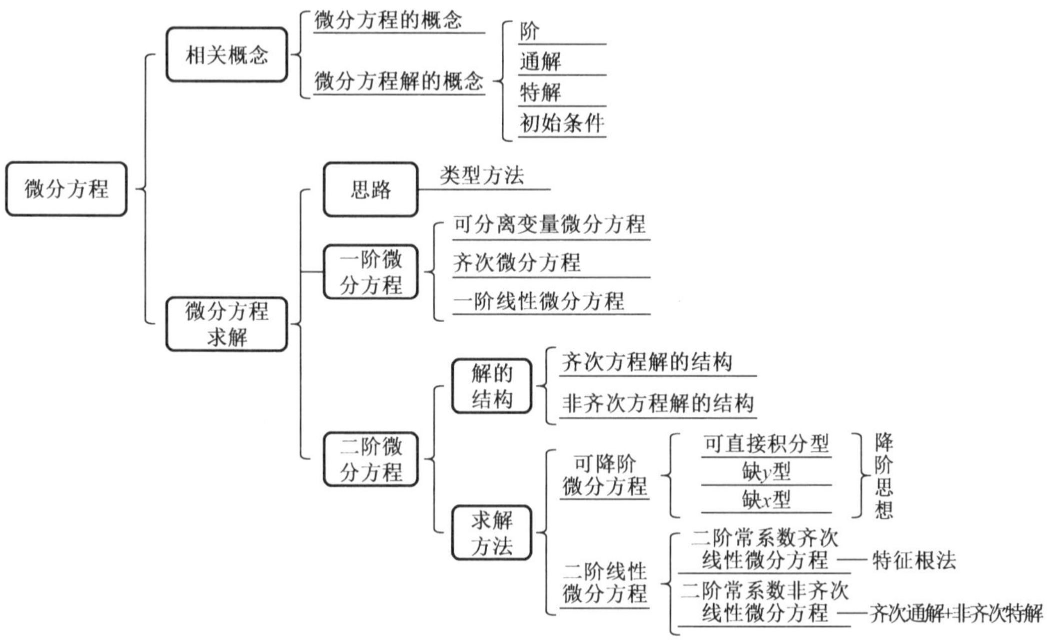


## 概念方法问题梳理

本章内容可视为一元函数导数与积分在实际问题中的应用，是利用导函数与函数的关系式(方程)求解函数的问题，在工程技术、军事中有广泛的应用.

概念方法问题梳理

**问题一**　什么是微分方程，它与所学的数的方程有何不同？什么是微分方程的阶？为何要引进阶的概念？求解微分方程的核心问题是什么？什么是微分方程的解、通解？什么是特解？什么是初值问题？

**问题二**　纵观微分方程求解的讨论，初值问题在研究实际问题时有什么意义？求解微分方程的思路方法是什么？

**问题三**　一阶微分方程中几种微分方程的类型分别是什么？写出对应的数学表达式.

**问题四**　可分离、齐次、一阶线性微分方程的名称分别是什么含义？可分离、齐次的微分方程的求解方法是什么？一阶线性微分方程的求解运用了常数变易法，它具有什么含义？体现了怎样的数学思想？齐次(幂)型的“齐”与线性微分方程中的齐次型的“齐”含义有什么不同？

**问题五** 二阶微分方程中讨论了几类微分方程的求解方法,分别是哪几类方程?请写出它们的数学表达式.

**问题六** 可降阶微分方程讨论哪几种情形,其数学表达式分别是什么?并说出求解的思路方法.降阶是什么意思?体现了怎样的数学思想?

**问题七** 线性微分方程有比较好的解的结构,以二阶线性微分方程为例,写出齐次及非齐次方程解的结构,讨论解的结构有什么意义?

**问题八** 讨论线性微分方程的特解时运用了怎样的数学思想?二阶线性常系数齐次微分方程求解的方法是什么?二阶线性常系数非齐次微分方程求解讨论了几种类型?写出其标准形式,并写出特解的表达式.

**问题九** 若 $R(t)$,$B(t)$ 分别表示红军、蓝军的兵力函数(假设二阶可导),兰切斯特简单的理想化模型是 $\begin{cases} \dfrac{\mathrm{d}R}{\mathrm{d}t}=-\alpha B \\ \dfrac{\mathrm{d}B}{\mathrm{d}t}=-\beta R \end{cases}$,$\alpha$、$\beta$ 为作战效能系数.试将其转化为二阶微分方程,指出其微分方程的类型,并写出求解该二阶微分方程的方法.

### 难点、疑点问题

**问题一** 一阶线性齐次、非齐次微分方程求解公式怎么推导?

**问题二** 二阶线性常系数齐次微分方程的求解利用了其特征方程,“特征”两字怎么理解?

**问题三** 二阶线性常系数非齐次微分方程三种特解形式怎么记忆?

## 本 章 练 习

本章练习讲解

1. 已知 $y_1=\mathrm{e}^{3x}-x\mathrm{e}^{2x}$,$y_2=\mathrm{e}^{x}-x\mathrm{e}^{2x}$,$y_3=-x\mathrm{e}^{2x}$ 是某二阶常系数非齐次线性微分方程的 3 个解,求该方程的通解 $y=$________.若函数满足 $y|_{x=0}=0$,$y'|_{x=0}=1$,则方程的解 $y=$________.

2. 设非齐次线性微分方程 $y'+P(x)y=Q(x)$ 有两个不同的解 $y_1(x)$,$y_2(x)$,$C$ 为任意常数,则该方程的通解是(　　)

(A) $C[y_1(x)-y_2(x)]$

(B) $y_1(x)+C[y_1(x)-y_2(x)]$

(C) $C[y_1(x)+y_2(x)]$

(D) $y_1(x)+C[y_1(x)+y_2(x)]$

3. 解方程 $\dfrac{\mathrm{d}y}{\mathrm{d}x}=\dfrac{1}{x-y}+1$.

4. 解方程 $y'\tan y\sec y+\frac{\sec y}{x}=e^x$.

5. 解方程 $y'=\frac{1}{x\cos y+\sin 2y}$.

6. 设函数 $f(x)$ 二阶导数连续且满足方程 $f(x)-1=\int_0^x f(1-t)\,dt$, 求 $f(x)$.

7. 求微分方程 $y''+y'=e^x+x\sin x$ 的通解.

8. 求微分方程 $y''-y'=\sin^2 x$ 的通解.

9. 求微分方程 $y'^2-yy''=1$ 的通解.

10. 求解 $y''=e^{2y}+e^y$, 且 $y(0)=0, y'(0)=2$.

11. 设 $f(x)$ 在区间 $[0,+\infty)$ 上具有连续的一阶导数,且满足 $f(0)=1$ 及 $f'(x)+f(x)-\frac{1}{x+1}\int_0^x f(t)\,dt=0$

(1)求导函数 $f'(x)$;

(2)证明:当 $x>0$ 时,有 $e^{-x}<f(x)<1$.

# 本章自测

## 一、填空题

1. 设 $y_1(x), y_2(x)$ 是一阶非齐次线性方程 $y'+P(x)y=Q(x)$ 的两个不同的解,则该微分方程的通解可表示为________________.

2. 设 $y_1(x), y_2(x), y_3(x)$ 是二阶非齐次线性方程 $y''+p(x)y'+q(x)y=f(x)$ 的三个特解,且 $\frac{y_1-y_2}{y_2-y_3}\neq$ 常数,则该微分方程的通解可表示为________________.

3. 二阶常系数非齐次线性方程 $y''+y=\sin x$ 的一个特解形式为________.(不需要求出具体解.)

4. 微分方程 $y'-y=e^x$ 的通解为 $y=$________________.

5. 设 $y_1(x)=x, y_2(x)=x+e^x, y_3(x)=x+e^{-x}$ 是某二阶非齐次线性方程的三个特解,则该微分方程的通解为________________.

6. 曲线通过点 $(e^2,3)$,且在任一点处的切线的斜率等于该点横坐标的倒数,则该曲线的方程为________________.

## 二、计算题

1. 求微分方程 $\frac{dy}{dx}=\frac{1}{x-2y}$ 的通解.

2. 求微分方程 $x^2y'+xy=y^2$ 的通解.

3. 求微分方程 $y''=y'+x$ 的通解.

4. 求微分方程 $y''-3y'+2y=4x+e^{3x}$ 的通解.

5. 求微分方程 $xy'=\sin x-y$ 满足$y\big|_{x=\frac{\pi}{2}}=1$ 的特解.

6. 求微分方程 $y''-e^{y}y'=0$ 满足$y\big|_{x=0}=0,y'\big|_{x=0}=2$ 的特解.

7. 求微分方程$(y+x^{3})\mathrm{d}x-2x\mathrm{d}y=0$ 满足$y\big|_{x=1}=\dfrac{6}{5}$的特解.

8. 求微分方程 $y''-7y'+12y=36xe^{x}$ 满足初始条件$y\big|_{x=0}=0$ 和$y'\big|_{x=0}=0$ 的特解.

**三、应用题**

1. 设非负函数 $y=y(x)(x\geqslant 0)$满足微分方程 $xy''-y'+2=0$. 当曲线 $y=y(x)$过原点时,其与直线 $x=1$ 及 $y=0$ 所围成的平面区域 $D$ 的面积为 2,求 $D$ 绕 $y$ 轴旋转所得旋转体的体积.

2. 设曲线 $y=f(x)$,其中$f(x)$是可导函数,且 $f(x)>0$. 已知曲线 $y=f(x)$与直线 $y=0$,$x=1$ 及 $x=t(t>1)$所围成的曲边梯形绕 $x$ 轴旋转一周所得的立体体积是该曲边梯形面积的 $\pi t$ 倍,求该曲线方程.

**四、证明题**

1. 设可导函数$f(x)\neq 0$,现想把 $xf(x)+\alpha f'(x)=0$($\alpha$ 为实数)拼凑成 $G'(x)=0$,一般利用求导经验猜测而来. 但有时比较困难,试用微分方程求解的方式求出 $G(x)$,并写出 $G(x)$的表达式.

2. 设函数$f(x)$在$[0,+\infty)$上可导,$f(0)=1$,且满足等式$f'(x)+f(x)-\dfrac{1}{x+1}\displaystyle\int_0^x f(t)\mathrm{d}t=0$. 则:(1)求导数$f'(x)$;(2)证明当 $x\geqslant 0$ 时,不等式 $e^{-x}\leqslant f(x)\leqslant 1$ 成立.

## 答案

**一、填空题**

1. $C(y_1-y_2)+y_1$ 或 $C(y_1-y_2)+y_2$.

2. $C_1(y_1-y_2)+C_2(y_2-y_3)+y_1$ 或 $C_1(y_1-y_2)+C_2(y_2-y_3)+y_2$ 或 $C_1(y_1-y_2)+C_2(y_2-y_3)+y_3$.

3. $y=x(a\sin x+b\cos x)$.

4. $e^{x}(x+C)$.

5. $C_1e^{-x}+C_2e^{x}+x$.

6. $\ln|x|+1$.

**二、计算题**

1. $x=2+2y+Ce^{y}$.

2. $y=\dfrac{2x}{1-Cx^{2}}$.

3. $y=C_1e^{x}-\dfrac{1}{2}x^{2}-x+C_2$.

4. $y=C_1\mathrm{e}^{x}+C_2\mathrm{e}^{2x}+2x+3+\frac{1}{2}\mathrm{e}^{3x}$.

5. $y=\frac{1}{x}\left(-\cos x+\frac{\pi}{2}\right)$.

6. $x=y-\ln(1+\mathrm{e}^{y})+\ln 2$.

7. $y=\sqrt{x}+\frac{1}{5}x^{3}$.

8. $y=4\mathrm{e}^{4x}-9\mathrm{e}^{3x}+\mathrm{e}^{x}(6x+5)$.

## 三、应用题

1. 提示：解出微分方程 $xy''-y'+2=0$ 满足 $y\big|_{x=0}=0$ 的特解为 $y=2x+\frac{1}{2}C_1x^2$.

由于曲线与直线 $x=1$ 及 $y=0$ 围成的平面区域 $D$ 的面积为

$$2=\int_0^1\left(2x+\frac{1}{2}C_1x^2\right)\mathrm{d}x=1+\frac{1}{6}C_1\Rightarrow C_1=6$$

故 $y=2x+3x^2$.

从而所求体积为

$$V=2\pi\int_0^1 x\,|y(x)|\,\mathrm{d}x=2\pi\int_0^1(2x^2+3x^3)\,\mathrm{d}x=\frac{17}{6}\pi$$

2. 提示：由题意知，$\pi\int_1^t f^2(x)\,\mathrm{d}x=\pi t\int_1^t f(x)\,\mathrm{d}x$，两边对 $t$ 求导，得 $f^2(t)=\int_1^t f(x)\,\mathrm{d}x+tf(t)$，两边对 $t$ 再次求导，得 $2f(t)f'(t)=2f(t)+tf'(t)$. 记 $f(t)=y$，则整理得 $\frac{\mathrm{d}y}{\mathrm{d}t}=\frac{2y}{2y-t}$.

利用一阶线性微分方程 $\frac{\mathrm{d}t}{\mathrm{d}y}+\frac{1}{2y}t=1$ 的通解公式或者利用齐次方程 $\frac{\mathrm{d}y}{\mathrm{d}t}=\frac{\frac{2y}{t}}{\frac{2y}{t}-1}$ 的解法解得 $t=\frac{1}{3\sqrt{y}}+\frac{2}{3}y$，故所求曲线方程为 $x=\frac{1}{3\sqrt{y}}+\frac{2}{3}y$.

## 四、证明题

1. 提示：对于方程 $xf(x)+\alpha f'(x)=0$，分离变量得：$x=-\alpha\frac{f'(x)}{f(x)}$，两边求不定积分得：

$$\int x\mathrm{d}x=\int-\alpha\frac{f'(x)}{f(x)}\mathrm{d}x$$

即 $\frac{1}{2}x^2=-\alpha\ln f(x)+C_1\Rightarrow\ln\frac{1}{f(x)}=\frac{x^2}{2\alpha}-\frac{C_1}{\alpha}\Rightarrow\frac{1}{f(x)}=C_2\mathrm{e}^{\frac{x^2}{2\alpha}}\Rightarrow f(x)\mathrm{e}^{\frac{x^2}{2\alpha}}=C$，取 $G(x)=\mathrm{e}^{\frac{x^2}{2\alpha}}f(x)$ 即可.

2. 提示：(1) 由题设知：$(x+1)f'(x)+(x+1)f(x)-\int_0^x f(t)\,\mathrm{d}t=0$，两边对 $x$ 求导，得

$$(x+1)f''(x)=-(x+2)f'(x)$$

设 $u=f'(x)$，则有 $\frac{\mathrm{d}u}{\mathrm{d}x}=-\frac{x+2}{x+1}u$，解得 $f'(x)=u=\frac{C\mathrm{e}^{-x}}{x+1}$. 代入 $f(0)=1$ 及 $f'(0)+f(0)=0$，得 $f'(x)=-\frac{\mathrm{e}^{-x}}{x+1}$.

(2) 证法一：当 $x\geqslant 0$ 时，$f'(x)<0$，即 $f(x)$ 单调减小. 又 $f(0)=1$，所以 $f(x)\leqslant f(0)=1$.

设 $\varphi(x)=f(x)-\mathrm{e}^{-x}$，则 $\varphi(0)=0$，$\varphi'(x)=f'(x)+\mathrm{e}^{-x}=\frac{x}{x+1}\mathrm{e}^{-x}$. 当 $x\geqslant 0$ 时，$\varphi'(x)\geqslant 0$，即 $\varphi(x)$ 单调增加，因而 $\varphi(x)\geqslant\varphi(0)=0$，即 $f(x)\geqslant \mathrm{e}^{-x}$.

证法二：由于 $\int_0^x f'(t)\mathrm{d}t=f(x)-f(0)=f(x)-1$，所以 $f(x)=1-\int_0^x\frac{\mathrm{e}^{-t}}{t+1}\mathrm{d}t$. 故当 $x\geqslant 0$ 时，$0\leqslant\int_0^x\frac{\mathrm{e}^{-t}}{t+1}\mathrm{d}t\leqslant\int_0^x \mathrm{e}^{-t}\mathrm{d}t=1-\mathrm{e}^{-x}$，所以不等式 $\mathrm{e}^{-x}\leqslant f(x)\leqslant 1$ 成立.

# 第八章　向量代数与空间解析几何

## 第一节　向量及其线性运算

### 学习目标

1. 了解向量、自由向量、零向量、单位向量、反向向量、相等向量等概念;会用 3 种方法表示向量.

2. 知道引进空间直角坐标系的意义;体会数形结合思想.

3. 掌握向量的线性运算.

4. 理解方向角、方向余弦以及向量在轴上的投影;并会用坐标计算向量的模、方向余弦.

### 学习资料

**(一) 教材范围**

《高等数学》 同济大学 第八版 下册 第 1~13 页

**(二) 线上资源**

**资源 1**　(1) 方向余弦;(2) 向量在轴上的投影

资源 1(1)

资源 1(2)

**(三) 相关实际或军事问题**

**实例 1**　队列训练中的口令“向前一步走”“向后一步走”.

**实例 2**　地形图中的位置坐标.

**实例 3**　某部队进行军事演习,红方各部队到达相应的地域随即向蓝方展开攻击,随着攻击物资的消耗,指挥中心命令支援保障连(支保连)迅速提供攻坚物资. 此时,掌握支保连的路线和攻坚小组精确位置对红方攻坚部署有很大的意义,故需求出支保连的位置、支保连行走的速度、攻击区域相对于指挥中心所处的位置.

### 预习问题

1. 什么是向量? 向量的大小和方向分别用什么刻画? 向量的表示方法有几种?

2. 向量的线性运算包括加减和数乘,二者分别遵循什么运算法则?

3. 什么是向量方向角、方向余弦? 如何求其方向余弦、单位向量? 其单位向量与以方向余弦为坐标的向量是什么关系?

4. 什么是向量在轴上的投影？向量 $\boldsymbol{a}$ 投影到向量 $\boldsymbol{b}$ 的数学表示是什么？

## 练习题

### (一) 基础练习

1. 已知两点 $M_1(0,1,2)$ 和 $M_2(1,-1,0)$. 试用坐标表示式表示向量 $\boldsymbol{M_1M_2}$ 及 $-2\boldsymbol{M_1M_2}$.

2. 已知两点 $M_1(4,\sqrt{2},1)$ 和 $M_2(3,0,2)$，计算向量 $\boldsymbol{M_1M_2}$ 的模、方向余弦和方向角.

3. 在 $y$ 轴上求与点 $A(1,-3,7)$ 和点 $B(5,7,-5)$ 等距离的点.

4. 设 $\boldsymbol{m}=3\boldsymbol{i}+5\boldsymbol{j}+8\boldsymbol{k}$，$\boldsymbol{n}=2\boldsymbol{i}-4\boldsymbol{j}-7\boldsymbol{k}$ 和 $\boldsymbol{p}=5\boldsymbol{i}+\boldsymbol{j}-4\boldsymbol{k}$，求向量 $\boldsymbol{a}=4\boldsymbol{m}+3\boldsymbol{n}-\boldsymbol{p}$ 在 $x$ 轴上的投影及在 $y$ 轴上的分向量.

### (二) 能力提升

1. 计算 $\boldsymbol{0}\cdot\boldsymbol{a}(\boldsymbol{a}\neq\boldsymbol{0})$.

2. 求平行于向量 $\boldsymbol{a}=(6,7,-6)$ 的单位向量.

3. 已知不共面的三个向量 $\boldsymbol{a}=(1,0,-1)$，$\boldsymbol{b}=(2,3,1)$，$\boldsymbol{c}=(0,1,2)$ 及向量 $\boldsymbol{d}=(0,0,3)$，试用 $\boldsymbol{a},\boldsymbol{b},\boldsymbol{c}$ 的线性组合表示向量 $\boldsymbol{d}$.

## 答案

### (一) 基础练习

1. $\boldsymbol{M_1M_2}=(1,-2,-2)$，$-2\boldsymbol{M_1M_2}=(-2,4,4)$.

2. $|\boldsymbol{M_1M_2}|=2$；$\cos\alpha=-\dfrac{1}{2}$，$\cos\beta=-\dfrac{\sqrt{2}}{2}$，$\cos\gamma=\dfrac{1}{2}$；$\alpha=\dfrac{2}{3}\pi$，$\beta=\dfrac{3}{4}\pi$，$\gamma=\dfrac{\pi}{3}$.

3. $M(0,2,0)$.

4. 13，$7\boldsymbol{j}$.

### (二) 能力提升

1. 0.

2. $\boldsymbol{e}_a=\pm\left(\dfrac{6}{11},\dfrac{7}{11},-\dfrac{6}{11}\right)$.

3. $\boldsymbol{d}=2\boldsymbol{a}-\boldsymbol{b}+3\boldsymbol{c}$.

# 第二节　数量积 向量积* 混合积

## 学习目标

1. 了解数量积、向量积的物理背景;理解数量积、向量积和*混合积的概念.
2. 掌握数量积、向量积的计算方法,并会应用数量积、向量积计算两向量夹角.
3. 会运用数量积、向量积和*混合积判断向量平行、垂直、共面等.

## 学习资料

### (一)教材范围

《高等数学》同济大学 第八版 下册 第 14~23 页

### (二)线上资源

**资源 1**　何裕新. 两个向量的向量积在平面几何中的应用[J]. 数学通报,1987(1):14-16

**资源 2**　(1)向量的数量积、向量积;(2)混合积

资源 1　资源 2(1)　资源 2(2)

### (三)相关实际或军事问题

**实例 1**　设液体流过平面 $S$ 上面积为 $A$ 的一个区域,液体在该区域上各点处的流速均为(常向量)$\boldsymbol{v}$,设 $\boldsymbol{n}$ 为垂直于 $S$ 的单位向量,计算单位时间内经过该区域流向 $\boldsymbol{n}$ 所指一侧的液体的质量 $m$.(液体的密度为 $\rho$.)

**实例 2**　刚体以等角速度 $\omega$ 绕 $l$ 轴旋转,在刚体上取一点 $M$,在 $l$ 轴上取一点 $O$,设向量 $\boldsymbol{OM}$ 为 $\boldsymbol{r}$,求点 $M$ 的线速度.

## 预习问题

1. 什么是向量的数量积和向量积;其遵循哪些运算规律?
2. 如何从向量本身和坐标形式计算两向量的数量积和向量积?
3. 如何运用混合积判断三向量是否共面?

## 练习题

### (一)基础练习

1. 利用向量乘法运算证明余弦定理.

2. 设 $\boldsymbol{m},\boldsymbol{n}$ 的夹角为$\dfrac{\pi}{3}$,且$|\boldsymbol{m}|=1,|\boldsymbol{n}|=3$,求$|\boldsymbol{m}+3\boldsymbol{n}|$.

3. 阐述 $\boldsymbol{m}\times\boldsymbol{n}=\boldsymbol{k}$ 中 $\boldsymbol{k}$ 的大小与方向.

4. 设 $\boldsymbol{m}=\boldsymbol{i}+2\boldsymbol{j}-\boldsymbol{k},\boldsymbol{n}=-\boldsymbol{i}+\boldsymbol{j}$,求 $\boldsymbol{m}\cdot\boldsymbol{n},\boldsymbol{m}\times\boldsymbol{n}$ 及两向量之间的夹角的余弦、正弦.

### (二)能力提升

1. 已知三角形顶点为 $A(1,-1,2),B(1,1,0),C(1,3,-1)$,求三角形 $AC$ 边上的高.

2. 已知 $A(1,2,0),B(2,3,1),C(4,2,2),M(x,y,z)$ 四点共面,求点 $M$ 中 $x,y,z$ 满足的方程.

3. 已知四面体的顶点 $A_k=(x_k,y_k,z_k)(k=1,2,3,4)$,求该四面体的体积.

## 答案

### (一)基础练习

1. 提示:利用向量的数量积.

2. $\sqrt{91}$.

3. $|\boldsymbol{m}|\cdot|\boldsymbol{n}|\sin\theta$($\theta$ 为两向量的夹角),垂直两向量,满足右手法则.

4. $1,(1,1,3),\cos\theta=\dfrac{1}{2\sqrt{3}},\sin\theta=\sqrt{\dfrac{11}{12}}$.

### (二)能力提升

1. $\dfrac{2}{5}$.

2. $2x+y-3z-4=0$.

3. $\dfrac{1}{6}\begin{vmatrix} x_2-x_1 & y_2-y_1 & z_2-z_1 \\ x_3-x_1 & y_3-y_1 & z_3-z_1 \\ x_4-x_1 & y_4-y_1 & z_4-z_1 \end{vmatrix}$.

能力提升
第 1 题讲解视频

能力提升
第 2 题讲解视频

能力提升
第 3 题讲解视频

# 第三节　平面及其方程

## 学习目标

1. 了解曲面方程、曲线方程的概念及讨论方程的意义；知道平面是曲面的特殊情形.
2. 知道向量是研究空间解析几何的工具；会求解平面的方程.
3. 知道空间解析几何中的点、线、面元素；会判断点与平面的位置关系，并求点到平面的距离；会判断平面与平面的位置关系，会求两平面的夹角和距离.

## 学习资料

### (一) 教材范围

中学平面解析几何：平面解析几何研究的问题、平面直线方程的几种形式

《高等数学》 同济大学 第八版 下册 第 23~29 页

### (二) 相关实际或军事问题

**实例 1**　在建筑设计中，通过空间平面方程，可以描述建筑物的墙面、屋顶等平面的位置和方向.

**实例 2**　地形地质测量过程中，将岩层纳入三维空间直角坐标系，应用平面方程可以求得岩层产状.

实例 2

## 预习问题

1. 满足什么条件能把方程称为某平面的方程？
2. 平面的方程有哪几种形式？求解平面方程的核心是什么？
3. 怎么判断点在不在平面上，通过什么判断两平面的位置关系？

## 练习题

### (一) 基础练习

1. 指出下列各平面的特殊位置，并画出各平面.

(1) $7x+5z+3=0$；

(2) $7y-3=0$；

(3) $2x+5y=0$.

2. 求通过两点 $M_1(1,1,1)$ 和 $M_2(0,1,-1)$ 且垂直于平面 $x+y+z=0$ 的平面方程.

3. 求三平面 $x+3y+z=1$、$2x-y-z=0$ 和 $-x+2y+2z=3$ 的交点.

### (二)能力提升

1. 一平面通过点 $A(0,-1,0)$,$B(0,0,1)$且与 $xOy$ 面的夹角为$\frac{\pi}{3}$,求该平面的方程.

2. 设有一边长为 1 的立方体,其中一个顶点位于坐标原点,三条棱与坐标轴正方向重合.若用平面 $\pi: x+2y+3z=4$ 去截立方体,求平面 $\pi$ 与立方体棱的交点坐标;画出截痕的图形.

## 答案

### (一)基础练习

1. (1)与 $y$ 轴平行;(2)与 $zOx$ 面平行;(3)通过 $z$ 轴.

2. $-2x+y+z=0$.

3. $(1,-1,3)$.

能力提升
第 2 题讲解视频

### (二)能力提升

1. $\pm\sqrt{2}x+y-z+1=0$.

2. 见讲解视频.

# 第四节　空间直线及其方程

## 学习目标

1. 能写出空间直线的三种方程形式;能将三种直线方程相互转化,并会求空间直线方程.

2. 能写出通过直线 $L$ 的平面束方程,理解其含义.

3. 掌握空间中点、线、面间的关系,主要包括:两点间的距离,点到直线间的距离,两直线是否共面,两异面直线的距离(难点),直线与平面的夹角,两平面的夹角.

资源 1

## 学习资料

### (一)教材范围

《高等数学》同济大学 第八版 下册 第 29~36 页

资源 2

### (二)线上资源

**资源 1**　张三华.浅谈利用空间直线参数的几何意义求方程问题[J].数学学习与研究,2019(21):2

**资源 2**　点线面之间的关系

(三)相关实际或军事问题

**实例 1(装备的损伤模拟问题)** 在战场上,导弹战斗部爆炸后形成的破片数目众多,在作战模拟和作战试验中,如何利用几何射线法判断装备损伤?

## 预习问题

1. 空间直线有几种表示形式?它们分别是什么?

2. 如何求直线与直线的夹角、直线与平面的夹角、平面与平面的夹角?

3. 如何求两点间的距离,点到直线的距离,点到平面的距离,两直线的夹角,两异面直线的距离,直线与平面的夹角,两平面的夹角?

## 练习题

(一)基础练习

1. 已知直线过点 $P(1,1,2)$,方向向量为 $\boldsymbol{s}=(1,2,3)$. 写出该直线的三种方程.

2. 计算直线 $\frac{x-1}{1}=\frac{y}{-4}=\frac{z+3}{1}$ 与直线 $\frac{x}{2}=\frac{y+2}{-2}=\frac{z}{-1}$ 的夹角.

3. 计算直线 $\begin{cases}x+y+3z=0\\x-y-z=0\end{cases}$ 与平面 $x-y-z+1=0$ 的夹角.

(二)能力提升

1. 设一平面垂直于平面 $z=0$,并通过由点 $(1,-1,1)$ 到直线 $\begin{cases}y-z+1=0\\x=0\end{cases}$ 的垂线,求此平面方程.

2. 求过点 $(-1,0,4)$ 且平行于平面 $3x-4y+z-10=0$,又与直线 $\frac{x+1}{1}=\frac{y-3}{1}=\frac{z}{2}$ 相交的直线方程.

## 答案

(一)基础练习

1. $\frac{x-1}{1}=\frac{y-1}{2}=\frac{z-2}{3}$, $\begin{cases}x=1+t\\y=1+2t,\\z=2+3t\end{cases}$ $\begin{cases}\frac{x-1}{1}=\frac{y-1}{2}\\\frac{y-1}{2}=\frac{z-2}{3}\end{cases}$ (不唯一).

2. $\frac{\pi}{4}$.

3. 0.

(二)能力提升

1. $x+2y+1=0$.

2. $\frac{x+1}{16}=\frac{y}{19}=\frac{z-4}{28}$.

能力提升
第 1 题讲解视频

能力提升
第 2 题讲解视频

# 第五节　曲面及其方程

## 学习目标

1. 了解曲面及其方程的概念;会求以坐标轴为旋转轴的旋转曲面的方程;会求母线平行于坐标轴的柱面方程.

2. 了解常用二次曲面的方程及其图形;能判断常用二次曲面的图形,并大致描绘其图形.

## 学习资料

### (一)教材范围

大学数学预备知识手册:平面解析几何

《高等数学》同济大学 第八版 下册 第 36~44 页

资源 1

### (二)线上资源

**资源 1**　如何根据方程判断曲面类型

### (三)相关实际或军事问题

**实例 1**　子弹壳、炮筒曲面的方程.

**实例 2**　广州"小蛮腰"电视塔的曲面方程.

## 预习问题

1. 中学阶段学习的几种特殊的平面曲线有哪些?

2. 曲面方程有几种表示方式,分别是什么?

3. 如何求旋转曲面的方程,教材介绍了哪些旋转曲面?

4. 如何判断柱面,教材介绍了哪些柱面?

5. 下列方程在空间分别表示什么图形.

(1) $x^2+y^2=R^2$;

(2) $x^2+y^2+z^2=R^2$;

(3) $\dfrac{x^2}{a^2}+\dfrac{y^2}{b^2}+\dfrac{z^2}{c^2}=1$;

(4) $z^2=a^2(x^2+y^2)$;

(5) $z=\dfrac{x^2}{2p}+\dfrac{y^2}{2q}$($p$、$q$ 同号);

(6) $\dfrac{x^2}{a^2}-\dfrac{y^2}{b^2}=z$;

(7) $z=xy$.

## 练习题

### (一)基础练习

1. 建立以点(1,3,-2)为球心,且通过坐标原点的球面方程.

2. 方程 $x^2+y^2+z^2-2x+4y+2z=0$ 表示什么曲面?

3. 将 $xOy$ 面上的双曲线 $4x^2-9y^2=36$ 分别绕 $x$ 轴及 $y$ 轴旋转一周,求所生成的旋转曲面方程.

4. 说明下列旋转曲面是怎样形成的.

(1) $x^2+y^2=(z-a)^2$;(2) $x^2-\frac{y^2}{4}+z^2=1$.

### (二)能力提升

1. 求过点(-1,-2,-5)且和三个坐标平面都相切的球面方程.

2. 画出下列曲面所围图形.

(1)抛物柱面 $2y^2=x$,平面 $z=0$ 及 $\frac{x}{4}+\frac{y}{2}+\frac{z}{2}=1$;

(2)圆锥面 $z=\sqrt{x^2+y^2}$ 及旋转抛物面 $z=2-(x^2+y^2)$.

## 答案

### (一)基础练习

1. $(x-1)^2+(y-3)^2+(z+2)^2=14$.

2. $(x-1)^2+(y+2)^2+(z+1)^2=(\sqrt{6})^2$.

3. $4x^2-9(y^2+z^2)=36$;$4(x^2+z^2)-9y^2=36$.

4. 略.

### (二)能力提升

1. $(x+3)^2+(y+3)^2+(z+3)^2=3^2$ 或 $(x+5)^2+(y+5)^2+(z+5)^2=5^2$.

2.

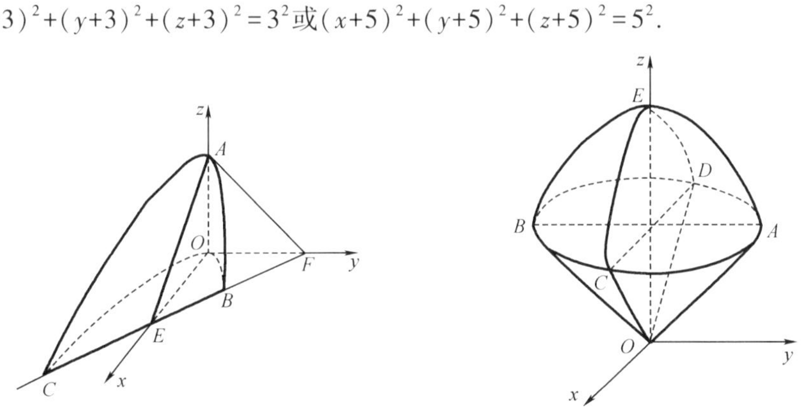


(a)(1)题图形　　(b)(2)题图形

**图 8-1　能力提升第 2 题图**

# 第六节　空间曲线及其方程

## 学习目标

1. 了解空间曲线一般方程、参数方程；会将特殊的空间曲线的一般式方程转化成参数式方程.

2. 会求空间曲线在坐标面上的投影方程.

## 学习资料

资源 1

资源 2

### （一）教材范围

《高等数学》 同济大学 第八版 下册 第 44~49 页

### （二）线上资源

**资源 1**　邓翠容. 空间曲线在平面上的投影[J]. 怀化学院学报，2019(11)：87-88

**资源 2**　空间曲线在坐标面上的投影

### （三）相关实际或军事问题

**实例 1**　在一圆锥形山包上作战，山包高为 400 m，半顶角为$\frac{\pi}{6}$，敌方位于 $yOz$ 正半面的圆锥面母线上距顶点 $100\sqrt{2}$ m 处，我方位于 $xOz$ 正半面的圆锥面母线上距顶点 $100(1+\sqrt{3})$m 处，试求我方进攻的最短路线方程.（以圆心角为参数求其方程.）

## 预习问题

1. 空间直线可由两平面相交确定；两曲面的交线能否确定一条空间曲线？

2. 空间直线方程有三种，曲线方程有几种形式？

3. 如何求空间曲线在坐标面的投影方程？

## 练习题

### （一）基础练习

1. 写出空间曲线的一般式方程和参数式方程.

2. 描述方程组$\begin{cases}x^2+y^2=1\\2x+3z=6\end{cases}$，$\begin{cases}x+y=0\\x+2y+z=6\end{cases}$分别表示怎样的曲线？

3. 将下列一般式方程转化为参数式方程 $\begin{cases} x^2+y^2=1 \\ 2x+3z=6 \end{cases}$, $\begin{cases} x+y=0 \\ x+2y+z=6 \end{cases}$.

### (二)能力提升

1. 求曲面 $z=\sqrt{4-x^2-y^2}$ 和 $z=\sqrt{3(x^2+y^2)}$ 的交线在三个坐标面上的投影.

2. 求由曲面 $z=\sqrt{4-x^2-y^2}$ 和 $z=\sqrt{3(x^2+y^2)}$ 所围成的立体在 $xOy$ 面上的投影.

3. 求曲面 $z=\sqrt{4-x^2-y^2}$ 被曲面 $z=\sqrt{3(x^2+y^2)}$ 所截部分在 $xOy$ 面上的投影.

## 答案

### (一)基础练习

1. $\begin{cases} F(x,y,z)=0 \\ G(x,y,z)=0 \end{cases}$, $\begin{cases} x=\varphi(t) \\ y=\psi(t) \\ z=\omega(t) \end{cases}$.

2. 椭圆,直线.

3. $\begin{cases} x=\cos t \\ y=\sin t \\ z=\dfrac{6-2\cos t}{3} \end{cases}$, $t\in[0,2\pi]$, $\begin{cases} x=x \\ y=-x \\ z=6+x \end{cases}$, $x\in\mathbf{R}$.

### (二)能力提升

1. 在 $xOy$ 坐标面上投影为 $\begin{cases} x^2+y^2=1 \\ z=0 \end{cases}$,在 $yOz$ 坐标面上投影为 $\begin{cases} z=\sqrt{3} \\ x=0 \end{cases}$, $y\in[-1,1]$,在 $zOx$ 坐标面上投影为 $\begin{cases} z=\sqrt{3} \\ y=0 \end{cases}$, $x\in[-1,1]$.

2. $x^2+y^2\leqslant 1$ 或者在坐标面 $xOy$ 上由曲线 $x^2+y^2=1$ 所围成的区域.

3. $x^2+y^2\leqslant 1$ 或者在坐标面 $xOy$ 上由曲线 $x^2+y^2=1$ 所围成的区域.

能力提升
第 1 题讲解视频

能力提升
第 2 题讲解视频

能力提升
第 3 题讲解视频

# 本章小结

## 知识框架

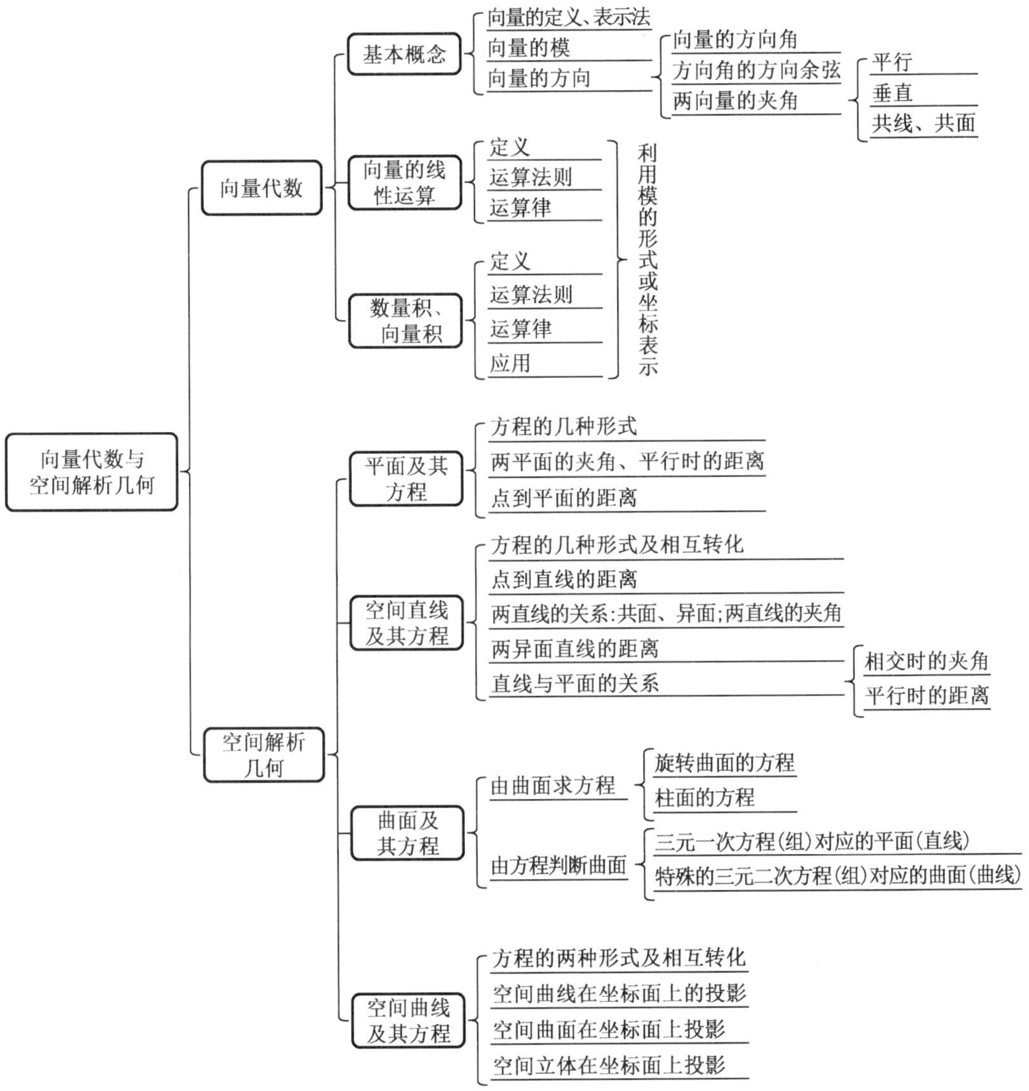


## 概念方法问题梳理

概念方法问题梳理

本章中向量代数是研究空间解析几何的工具,空间解析几何本身自成体系,类似于平面解析几何,是学习一元函数微积分的基础,空间解析几何是研究多元函数微积分的基础.

**问题一** 简要概括向量代数所学的主要内容.

**问题二** 简答向量的所有表达方式,并写出具体形式.

**问题三** 写出特殊的向量,如零向量、单位向量的表示方式(或计算公式).研究单位向量有什么意义?

**问题四** 写出向量的线性运算、乘积运算在各种形式下的运算公式,并写出两向量平行、垂直的充要条件.

**问题五** 尽可能多地举出向量在其他课程中应用的例子.

**问题六** 简要概括空间解析几何所学的主要内容.

**问题七** 曲面、平面、曲线、空间直线方程有几种解析表达方式或形式?写出各种表达形式.

**问题八** 用向量作为工具分析空间点、线、面(直线与平面)三者的关系.

**问题九** 旋转曲面、柱面方程是如何确定的?

**问题十** 我们学过哪些常见的二次曲面?写出其方程并画出对应的草图.

**问题十一** 尽可能多地举出军事上曲线与曲面的例子.

### 难点、疑点问题

**问题一** 如何构造平面束的方程?

**问题二** 讨论平面与直线(包括切平面、切线)综合性问题时(《高等数学》同济大学第八版下册第33~35页的杂例),你认为应该遵循怎样的思路?

**问题三** 如何记忆常用典型的二次曲面的方程与图形?

## 本章练习

1. 求向量 $\boldsymbol{c}$ 使得 $\boldsymbol{c}$ 与向量 $\boldsymbol{a}=(1,1,0)$,$\boldsymbol{b}=(2,0,2)$ 共面,且 $\mathrm{Prj}_{a}c=\mathrm{Prj}_{b}c=3$.

2. 设向量 $7\boldsymbol{a}-5\boldsymbol{b}$ 与 $\boldsymbol{a}+3\boldsymbol{b}$ 互相垂直,$\boldsymbol{a}-4\boldsymbol{b}$ 与 $7\boldsymbol{a}-2\boldsymbol{b}$ 互相垂直,试求非零向量 $\boldsymbol{a}$ 与 $\boldsymbol{b}$ 之间的夹角.

3. 已知 $\boldsymbol{AB}=\boldsymbol{a}$,$\boldsymbol{AC}=\boldsymbol{b}$,点 $B$ 在 $\boldsymbol{AC}$ 上的投影点为 $D$,即 $\angle ADB=\dfrac{1}{2}\pi$,

(1)证明三角形 $\triangle BAD$ 的面积 $S_{\triangle BAD}=\dfrac{|\boldsymbol{a}\cdot\boldsymbol{b}|\cdot|\boldsymbol{a}\times\boldsymbol{b}|}{2|\boldsymbol{b}|^2}$;

(2)当 $\boldsymbol{a}$,$\boldsymbol{b}$ 间的夹角为何值时,$\triangle BAD$ 的面积最大,并求该最大面积值.

4. 设一平面垂直于平面 $z=0$ 并通过从点 $(1,-1,1)$ 到直线 $\begin{cases}y-z+1=0\\x=0\end{cases}$ 的垂线,求此平面的方程.

5. 求直线 $\begin{cases}2x-4y+z=0\\3x-y-2z-9=0\end{cases}$ 在平面 $4x-y+z-1=0$ 上的投影直线方程.

6. 求过点 $(-1,0,4)$ 且平行于平面 $3x-4y+z-10=0$,又与直线 $\dfrac{x+1}{1}=y-3=\dfrac{z}{2}$ 相交的直线

的方程.

7. 求通过直线 $L:\begin{cases}x+5y+z=0\\5x+5y-4z+3=0\end{cases}$ 的两个相互垂直的平面 $\pi_1$ 和 $\pi_2$，使得其中一个平面过点 $(4,-3,1)$.

8. 一平面过直线 $\begin{cases}x+5y+z=0\\x-z+4=0\end{cases}$ 且与平面 $x-4y-8z+12=0$ 的夹角为 $\frac{\pi}{4}$ 角，求此平面方程.

9. 直线过点 $P(-3,5,-9)$ 且与直线 $L_1:\begin{cases}y=4x-7\\z=5x+10\end{cases}$ 以及直线 $L_2:\begin{cases}y=3x+5\\z=2x-3\end{cases}$ 都相交，求此直线的方程.

10. 直线过点 $A(1,2,1)$ 且垂直于 $L_1:\frac{x-1}{3}=\frac{y}{2}=\frac{z+1}{1}$ 又和直线 $L_2:\frac{x}{2}=y=-z$ 相交，求此直线的方程.

11. 试求空间曲线 $\Gamma: x=\cos t, y=\sin t, z=1, 0\leqslant t\leqslant 2\pi$ 在平面 $\pi: x+y+z+2=0$ 上的投影曲线方程.

12. 求直线 $L: x-1=y=1-z$ 在平面 $\pi: x-y+2z-1=0$ 上的投影直线 $L_1$ 的方程，并求 $L_1$ 绕 $y$ 轴旋转一周所成曲面的方程.

# 本 章 自 测

## 一、填空题

1. 设向量 $\boldsymbol{a}=(2,3,4)$，与该向量平行的单位向量为________，对应的三个方向余弦为________，________，________.

2. $\boldsymbol{a}=(1,-1,2)$，$\boldsymbol{b}=(1,2,3)$，则 $\boldsymbol{a}\cdot\boldsymbol{b}=$________，$\boldsymbol{a}\times\boldsymbol{b}=$________，$\mathrm{prj}_{\boldsymbol{b}}\boldsymbol{a}=$________.

3. $|\boldsymbol{a}|=1$，$|\boldsymbol{b}|=2$ 且 $(\hat{\boldsymbol{a},\boldsymbol{b}})=\frac{\pi}{3}$，则 $|\boldsymbol{a}-\boldsymbol{b}|=$________.

4. 设 $|\boldsymbol{a}|=\sqrt{3}$，$|\boldsymbol{b}|=1$，$(\hat{\boldsymbol{a},\boldsymbol{b}})=\frac{\pi}{6}$，则向量 $\boldsymbol{a}+\boldsymbol{b}$ 与 $\boldsymbol{a}-\boldsymbol{b}$ 的夹角为________.

5. $x^2+y^2+z^2=9$ 与平面 $x+z=1$ 的交线在 $yOz$ 面上的投影方程为________.

6. 设 $yOz$ 坐标面上有一已知曲线 $C$，它的方程为 $f(y,z)=0$，该曲线绕 $z$ 轴旋转一周得到的旋转曲面方程为________.

7. 方程 $z^2=a^2(x^2+y^2)$ 在空间表示的图形是________；方程 $y^2+z^2-4x+8=0$ 在空间表示的图形是________.

8. 设直线 $L$ 的方程为 $\begin{cases}x-y+z=1\\2x+y+z=4\end{cases}$，则 $L$ 的参数方程为________；设直线 $L$ 的参数方程为 $\begin{cases}x=2+4t\\y=-2t\\z=2-3t\end{cases}$，其化为直线方程的一般式为________.

9. 若两平面 $kx+y+z-k=0$ 与 $kx+y-2z=0$ 互相垂直,则 $k=$________.

10. 直线 $\frac{x-1}{1}=\frac{y-5}{-2}=\frac{z+8}{1}$ 与直线 $\begin{cases}x-y-6=0\\2y+z-3=0\end{cases}$ 的夹角为________.

**二、计算题**

1. 求平行于 $x$ 轴,且过点 $(4,0,-2)$ 和点 $(5,1,7)$ 的平面方程.

2. 求过点 $(1,8,2)$ 且过直线 $\begin{cases}x+y-z-2=0\\3x+y-z-5=0\end{cases}$ 的平面方程.

3. 求两平行平面 $2x-3y+4z+9=0$ 与 $2x-3y+4z-1=0$ 间的距离.

4. 分别求点 $(3,-1,2)$ 到直线 $\begin{cases}x+y-z+1=0\\2x-y+z-4=0\end{cases}$ 与到平面 $x+2y-z+2=0$ 的距离.

5. 求点 $(3,-1,-1)$ 在平面 $x+2y+3z-30=0$ 上的投影.

6. 求过点 $N(-1,2,-3)$ 且平行于平面 $6x-2y-3z+6=0$,又与直线 $l_1:\frac{x-1}{3}=\frac{y+1}{2}=\frac{z-3}{-5}$ 相交的直线 $l$ 的方程.

7. 求过点 $M(2,1,0)$,且与直线 $l:\frac{x-5}{3}=\frac{y}{2}=\frac{z+5}{-2}$ 垂直相交的直线方程.

8. 求直线 $l:x-1=y=1-z$ 在平面 $\pi:3x-y+3z=5$ 上的投影直线方程.

**三、分析讨论题**

1. 试写出空间直线、曲线、平面、曲面的方程.

2. 列举五种常见的二次曲面(球面、椭球面、柱面、锥面、抛物面)的标准方程.

**四、证明题**

设向量 $\boldsymbol{a}=(1,1,1)$,$\boldsymbol{b}=(0,2,5)$,$\boldsymbol{c}=(2,4,7)$,证明三向量共面,并用 $\boldsymbol{a}$ 和 $\boldsymbol{b}$ 表示 $\boldsymbol{c}$.

## 答案

**一、填空题**

1. $\pm\left(\frac{2}{\sqrt{29}},\frac{3}{\sqrt{29}},\frac{4}{\sqrt{29}}\right),\frac{2}{\sqrt{29}},\frac{3}{\sqrt{29}},\frac{4}{\sqrt{29}}$.

2. $5,(-7,-1,3),\frac{5\sqrt{14}}{14}$.

3. $\sqrt{3}$.

4. $\arccos\frac{2}{\sqrt{7}}$.

5. $\begin{cases}(1-z)^2+y^2+z^2=9\\x=0\end{cases}$

6. $f(\pm\sqrt{x^2+y^2},z)=0$.

7. 锥面;旋转抛物面.

8. $\begin{cases}x=1-2t\\y=1+t\\z=1+3t\end{cases}$;$\begin{cases}\dfrac{x-2}{4}=\dfrac{y}{-2}\\\dfrac{x-2}{4}=\dfrac{z-2}{-3}\end{cases}$.

9. $\pm1$.

10. $\dfrac{\pi}{3}$.

## 二、计算题

1. $9y-z-2=0$.

2. $11x+y-z-17=0$.

3. $\dfrac{10}{\sqrt{29}}$.

4. $\dfrac{3\sqrt{2}}{2},\dfrac{\sqrt{6}}{6}$.

5. $\left(\dfrac{37}{7},\dfrac{25}{7},\dfrac{41}{7}\right)$.

6. $\dfrac{x+1}{2}=\dfrac{y-2}{-3}=\dfrac{z+3}{6}$或$\begin{cases}x=-1+2t\\y=2-3t\\z=-3+6t\end{cases}$或$\begin{cases}6x-2y-3z+1=0\\3x+28y+13z-14=0\end{cases}$.

7. $\dfrac{x-2}{0}=\dfrac{y-1}{1}=\dfrac{z}{1}$或$\begin{cases}3x+2y-2z-8=0\\4x-3y+3z-5=0\end{cases}$.

8. $\dfrac{x-2}{11}=\dfrac{y-1}{9}=\dfrac{z}{-8}$或$\begin{cases}x-3y-2z+1=0\\3x-y+3z=5\end{cases}$.

## 三、分析讨论题

1. 空间直线:一般式$\begin{cases}A_1x+B_1y+C_1z+D_1=0\\A_2x+B_2y+C_2z+D_2=0\end{cases}$,点向式$\dfrac{x-x_0}{m}=\dfrac{y-y_0}{n}=\dfrac{z-z_0}{p}$,参数式$\begin{cases}x=x_0+mt\\y=y_0+nt\\z=z_0+pt\end{cases}$;

空间曲线:一般式$\begin{cases}G(x,y,z)=0\\F(x,y,z)=0\end{cases}$,参数式$\begin{cases}x=x(t)\\y=y(t)\\z=z(t)\end{cases}$;

空间平面:点法式 $A(x-x_0)+B(y-y_0)+C(z-z_0)=0$,一般式 $Ax+By+Cz+D=0$,截距式$\dfrac{x}{a}+\dfrac{y}{b}+\dfrac{z}{c}=1$;

空间曲面:显式 $z=f(x,y)$,隐式 $F(x,y,z)=0$.

2. 球面 $x^2+y^2+z^2=R^2$；椭球面 $\frac{x^2}{a^2}+\frac{y^2}{b^2}+\frac{z^2}{c^2}=1$；柱面 $x^2+y^2=R^2$；锥面 $z^2=a^2(x^2+y^2)$ 或 $z^2=\frac{x^2}{a^2}+\frac{y^2}{b^2}$；抛物面 $z=\frac{x^2}{a^2}+\frac{y^2}{b^2}$.

**四、证明题**

1. 提示：$[\boldsymbol{a}\quad\boldsymbol{b}\quad\boldsymbol{c}]=0$；$\boldsymbol{c}=2\boldsymbol{a}+\boldsymbol{b}$.

# 第九章　多元函数微分学及其应用

## 第一节　多元函数的基本概念

### 学习目标

1. 知道讨论多元函数的实际意义;领悟从一元函数推广到多元函数的类比思想.

2. 理解多元函数的定义;知道二元函数的几何意义;理解平面点集中内点、外点、边界点、聚点、开集、闭集、连通集、区域、闭区域、有界集和无界集的含义.

3. 了解多元函数极限的定义;掌握判断二重极限不存在的方法;会计算简单的二重极限.

4. 会通过类比分析多元函数的连续性;理解二元函数在一点处连续的定义;掌握初等函数的连续性;了解有界闭区域上连续函数的性质.

### 学习资料

#### (一) 教材范围

《高等数学》 同济大学 第八版 上册 一元函数的极限、一元函数的连续性

《高等数学》 同济大学 第八版 下册 第 52~63 页

资源 1

#### (二) 线上资源

**资源 1**　二重极限的存在性及求解

#### (三) 相关实际或军事问题

**实例 1**　某水渠的横断面是一等腰梯形,其面积和渠深、各边长有关,从数学的角度看,变量面积为因变量,渠深和各边长为自变量.

**实例 2**　海浪高度依赖于风速及保持这种风速的时间.

**实例 3**　射击的偏差量和距离、偏差角度有关.

### 预习习题

1. 什么是多元函数? 二元函数的定义域和一元函数的定义域的区别是什么?

2. 怎么判断二重极限不存在? 计算二重极限的方法是什么?

3. 多元初等函数在哪些点是连续的? 连续函数在有界闭区域上有什么性质?

## 练习题

### (一)基础练习

1. 判断下列平面点集中哪些是开集、闭集、区域、有界集、无界集,并写出聚点的全体:

(1) $\{(x,y)\mid x\neq 0,y\neq 0\}$;

(2) $\{(x,y)\mid 0<x^2+y^2\leqslant 1\}$;

(3) $\{(x,y)\mid x+y<1\}$;

(4) $\{(x,y)\mid x^2+(y-1)^2\geqslant 1,x^2+(y-2)^2\leqslant 4\}$.

2. 用点集表示由抛物线 $y^2=x$ 及直线 $y=x-2$ 所围成的闭区域.

3. 求下列函数的极限.

(1) $\lim\limits_{(x,y)\to(0,1)}\dfrac{1-xy}{x^2+y^2}$;

(2) $\lim\limits_{(x,y)\to(1,0)}\dfrac{\ln(x+e^y)}{\sqrt{x^2+y^2}}$;

(3) $\lim\limits_{(x,y)\to(0,0)}\dfrac{2-\sqrt{xy+4}}{xy}$;

(4) $\lim\limits_{(x,y)\to(2,0)}\dfrac{\tan(xy)}{y}$.

### (二)能力提升

1. 解释为何函数 $f(x,y)=\begin{cases}1-x,y\geqslant 0\\-2,y<0\end{cases}$ 沿直线 $y=0$ 不连续.

2. 判断下列函数的极限是否存在.

(1) $\lim\limits_{(x,y)\to(0,0)}\dfrac{x+y}{x-y}$;

(2) $\lim\limits_{(x,y)\to(0,0)}\dfrac{\ln(1+xy)}{x(x+y)}$;

(3) $\lim\limits_{(x,y)\to(0,0)}\dfrac{xy}{x^2+y^2}$;

(4) $\lim\limits_{(x,y)\to(0,0)}\dfrac{xy}{\sqrt{x^2+y^2}}$.

## 答案

### (一)基础练习

1. (1)开集,区域,无界集,聚点的全体:$\mathbf{R}^2$;

(2)区域,有界集,聚点的全体:$\{(x,y)\mid 0\leqslant x^2+y^2\leqslant 1\}$;

(3)开集,区域,无界集,聚点的全体:$\{(x,y)\mid x+y\leqslant 1\}$;

基础练习 第 2 题讲解视频

(4) 闭集,有界集,聚点的全体:$\{(x,y)\mid x^2+(y-1)^2\geqslant 1, x^2+(y-2)^2\leqslant 4\}$.

2. $\{(x,y)\mid y^2\leqslant x\leqslant y+2, -1\leqslant y\leqslant 2\}$.

3. (1) 1;(2) $\ln 2$;(3) $-\dfrac{1}{4}$;(4) 2.

能力提升 第 1 题讲解视频

(二) 能力提升

1. 由于 $\lim\limits_{(x,y)\to(x,0)} f(x,y)$ 不存在.

2. (1) 不存在;(2) 不存在;(3) 不存在;(4) 存在.

# 第二节　偏　导　数

## 学习目标

1. 理解多元函数在一点处偏导数的定义,并会根据定义计算函数在某点处的偏导数.

2. 了解偏导数的几何意义;理解二元函数 $z=f(x,y)$ 在点 $(x_0,y_0)$ 处极限存在、连续、偏导数存在之间的关系.

3. 会求(显式的、具体的)初等函数的偏导数和高阶偏导数;会求分段函数的偏导数.

## 学习资料

### (一) 教材范围

《高等数学》 同济大学 第八版 上册 一元函数的导数

《高等数学》 同济大学 第八版 下册 第 63~69 页

### (二) 线上资源

资源 1

**资源 1** 皮志敏. 类比法在高等数学教学中的应用——以偏导数为例[J]. 产业与科技论坛,2021,20(21):141-142

**资源 2** 多元分段函数求偏导

资源 2

### (三) 相关实际或军事问题

**实例 1** 在实际问题中,如影响商品价格的因素,山体的表面函数,影响射击的因素,影响战争的因素等,都为多元函数,可用偏导数的知识讨论单个影响因素的变化率问题.

**实例 2** 吉他的一根弦在静止状态时位于 $x$ 轴上,设弦的左端点为坐标原点,点 $P$ 是距弦上的任一点,$x$ 是点 $P$ 距弦左端的距离,在 $t$(s)时刻,点 $P$ 距静止位置的垂直距离为 $y=f(x,t)$,其中 $y=f(x,t)=0.003\sin(\pi x)\sin(2\,765t)$,计算 $f'_x(0,3,1)$, $f'_y(0,3,1)$,并解释它们的实际含义.

## 预习习题

1. 一元函数的求导思路是将函数分类,根据不同类型进行讨论,每种类型的求导方法具体是什么?

2. 二元函数在一点处的偏导数的定义是什么?

3. 如何求显式的、具体的初等函数的偏导数和高阶偏导数.

4. 二元函数在一点处存在极限、连续、存在偏导数三者之间的关系是什么?

## 练习题

### (一)基础练习

1. 求函数 $z=x^3y-y^3x$ 的偏导数.

2. 设函数 $z=x\ln(xy)$,计算$\dfrac{\partial^2 z}{\partial x^2},\dfrac{\partial^2 z}{\partial y^2},\dfrac{\partial^2 z}{\partial x\partial y},\dfrac{\partial^2 z}{\partial y\partial x}$.

3. 设函数 $z=\int_x^{xy}\sin t^2\mathrm{d}t$, 计算$\dfrac{\partial z}{\partial x},\dfrac{\partial z}{\partial y}$.

### (二)能力提升

1. 设函数 $z=\begin{cases}\dfrac{xy}{\sqrt{x^2+y^2}},(x,y)\neq(0,0)\\0,(x,y)=(0,0)\end{cases}$,研究函数在点(0,0)处的连续性与可偏导性.

2. 计算 $z=x^y$ 的二阶偏导数.

## 答案

### (一)基础练习

1. $z_x=3x^2y-y^3,z_y=x^3-3y^2x$.

2. $\dfrac{\partial^2 z}{\partial x^2}=\dfrac{1}{x},\dfrac{\partial^2 z}{\partial y^2}=-\dfrac{x}{y^2},\dfrac{\partial^2 z}{\partial x\partial y}=\dfrac{1}{y},\dfrac{\partial^2 z}{\partial y\partial x}=\dfrac{1}{y}$.

3. $\dfrac{\partial z}{\partial x}=y\sin(xy)^2-\sin x^2,\dfrac{\partial z}{\partial y}=x\sin(xy)^2$.

### (二)能力提升

1. 连续、可偏导.

2. $\dfrac{\partial^2 z}{\partial x^2}=y(y-1)x^{y-2},\dfrac{\partial^2 z}{\partial y^2}=x^y\ln^2 x,\dfrac{\partial^2 z}{\partial x\partial y}=\dfrac{\partial^2 z}{\partial y\partial x}=x^{y-1}+yx^{y-1}\ln x$.

能力提升
第1题讲解视频

# 第三节 全 微 分

## 学习目标

1. 会类比一元函数的微分讨论多元函数的微分.

2. 理解全微分的概念;会判断函数在一点处是否可微;会求多元函数的全微分,并体会全微分的局部线性化思想.

3. 理解二元函数在一点处连续、偏导数存在、可微以及偏导数连续之间的关系.

4. 了解全微分在近似计算中的应用.

## 学习资料

资源 1(1)

资源 1(2)

### (一)教材范围

《高等数学》 同济大学 第八版 上册 函数的微分

《高等数学》 同济大学 第八版 下册 第 69~76 页

### (二)线上资源

**资源 1** (1)如何判断可微;(2)二元函数连续、偏导数存在、可微以及偏导数连续之间的关系

### (三)相关实际或军事问题

**实例 1** 狙击手瞄准问题:狙击手欲射击 100 米远处胸环靶心,但由于操作失误,射击距离延长 0.5 米,且射击角发生 1 密位的偏差,在此情况下,他能否击中目标?

**实例 2** 长方形金属箔片因受热导致长和宽均发生了微小变化,如何计算面积变化了多少?

## 预习问题

1. 一元函数在一点处的微分是什么?

2. 如何定义函数 $z=f(x,y)$ 在点 $(x,y)$ 处可微,全微分是什么?

3. 函数 $z=f(x,y)$ 在点 $(x,y)$ 处可微分的充分条件和必要条件是什么?

4. 如何计算函数的全微分?

## 练习题

### (一)基础练习

1. 求函数 $z=e^{\frac{x}{y}}$ 的全微分.

2. 求函数 $u=x^{yz}$ 的全微分.

### (二)能力提升

1. 求函数 $z=(xy)^{xy}$ 的全微分.

2. 讨论二元函数

$$f(x,y)=\begin{cases}\dfrac{xy}{\sqrt{x^2+y^2}} & x^2+y^2\neq 0\\ 0 & x^2+y^2=0\end{cases}$$

在(0,0)点是否连续,偏导数是否存在,是否可微,偏导数是否连续?

3. 有一圆柱体受压后发生变形,它的半径由 20 cm 增大到 20.05 cm,高度由 100 cm 减小到 99 cm,求此圆柱体体积变化的近似值.

## 答案

### (一)基础练习

1. $dz=\dfrac{1}{y}e^{\frac{y}{x}}dx-\dfrac{x}{y^2}e^{\frac{y}{x}}dy$.

2. $du=yzx^{yz-1}dx+zx^{yz}\ln x dy+yx^{yz}\ln x dz$.

### (二)能力提升

1. $dz=(xy)^{xy}[\ln(xy)+1][ydx+xdy]$.

2. 由于

$$\left|\frac{x\cdot y}{\sqrt{x^2+y^2}}\right|\leqslant\frac{\frac{1}{2}(x^2+y^2)}{\sqrt{x^2+y^2}}=\frac{\sqrt{x^2+y^2}}{2}\xrightarrow{(x,y)\to(0,0)}0$$

故函数在点(0,0)处连续;

由偏导数的定义,有

$$f_x(0,0)=\lim_{\Delta x\to 0}\frac{f(0+\Delta x,0)-f(0,0)}{\Delta x}=\lim_{\Delta x\to 0}0=0$$

$$f_y(0,0)=\lim_{\Delta y\to 0}\frac{f(0,0)-f(0+\Delta y,0)}{\Delta y}=\lim_{\Delta y\to 0}0=0$$

故函数在点(0,0)处有 $f_x(0,0)=0$ 及 $f_y(0,0)=0$;又

$$\Delta z-f_x(0,0)\Delta x-f_y(0,0)\Delta y=\frac{\Delta x\cdot\Delta y}{\sqrt{(\Delta x)^2+(\Delta y)^2}}$$

如果考虑点 $P'(\Delta x,\Delta y)$ 沿着直线 $y=x$ 趋近于(0,0),那么

$$\frac{\dfrac{\Delta x\cdot\Delta y}{\sqrt{(\Delta x)^2+(\Delta y)^2}}}{\rho}=\frac{\Delta x\cdot\Delta y}{(\Delta x)^2+(\Delta y)^2}=\frac{\Delta x\cdot\Delta x}{(\Delta x)^2+(\Delta x)^2}=\frac{1}{2}$$

它不能随 $\rho\to 0$ 而趋于 0,即当 $\rho\to 0$ 时,$\Delta z-f_x(0,0)\Delta x-f_y(0,0)\Delta y$ 并不是比 $\rho$ 高阶的无

穷小,因此函数在点(0,0)处的全微分不存在;

又因$f_x(x,y)=\dfrac{y^3}{(\sqrt{x^2+y^2})^3}$,则

$$\lim_{\substack{(x,y)\to(0,0)\\ =ky}}\frac{y^3}{(\sqrt{x^2+y^2})^3}=\lim_{\substack{y\to 0\\ x=ky}}\frac{k^3y^3}{(\sqrt{(ky)^2+y^2})^3}=\frac{k^3}{(\sqrt{1+k^2})^3}$$

故函数在点(0,0)处的偏导数$f_x(x,y)$不连续,同理在点(0,0)处的偏导数$f_y(x,y)$也不连续.

3. 200 $\pi$cm$^3$.

# 第四节 多元复合函数的求导法则

## 学习目标

1. 了解多元复合函数的复合情形.
2. 会求各种复合情形下的多元复合函数的一阶、二阶偏导数.
3. 会求各种复合情形下的多元复合函数的全微分.

## 学习资料

### (一)教材范围

《高等数学》同济大学 第八版 上册 一元复合函数求导法则

《高等数学》同济大学 第八版 下册 第76~82页

### (二)线上资源

**资源1** 魏小燕.形象理解多元复合函数求导法则[J].科技创业月刊,2013(5):136-137

资源1

### (三)相关实际或军事问题

**实例1** 155自行加榴炮开启机中的连杆机构中有曲柄摇杆(图9-1),曲柄$AB$又称为驱动副或主动件,摇杆$BC$、$CD$又称为运动副或从动件.当$a+b\leqslant c+d$时,才会存在四杆机构曲柄$AB$运动,摇杆$BC$、$CD$也会有快慢不同的运动,此运动称为急回运动.运动中,当曲柄$AB$与水平线夹角为$x$时,摇杆$BC$、$CD$与水平线夹角为$u$、$v$.曲柄摇杆在水平和竖直方向投影要满足恒等式$\begin{cases}a\cos x+b\cos u-c\cos v=d\\ a\sin x+b\sin u-c\sin v=0\end{cases}$,可讨论摇杆$BC$、$CD$与水平线夹角$u$、$v$关于曲柄$AB$与水平线夹角$x$的变化率.

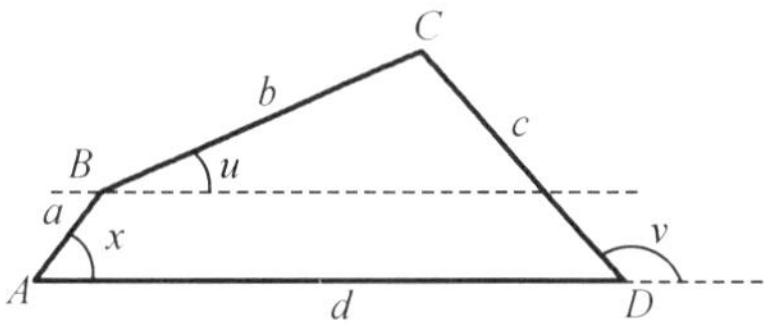


图 9-1 实例 1 图

## 预习问题

1. 一元复合函数的求导法则是什么?
2. 教材中多元复合函数的几种复合情形分别是什么?
3. 针对教材中多元复合函数的几种复合情形,如何求一阶偏导及二阶偏导?

## 练习题

### (一)基础练习

1. 设 $z=\arcsin(x-y)$, $x=3t$, $y=4t^3$, 求 $\frac{\mathrm{d}z}{\mathrm{d}t}$.

2. 设 $z=\arcsin(x-y)$, $x=\varphi(t)$, $y=\psi(t)$, 求 $\frac{\mathrm{d}z}{\mathrm{d}t}$.

3. 设 $z=u^2+v^2$, $u=\frac{x}{y}$, $v=3x-2y$, 求 $\frac{\partial z}{\partial x}$, $\frac{\partial z}{\partial y}$.

4. 设 $z=u^2+v^2$, $u=\varphi(x,y)$, $v=\psi(x,y)$, 求 $\frac{\partial z}{\partial x}$, $\frac{\partial z}{\partial y}$.

5. 设 $z=u^2+v^2$, $u=x^2$, $v=\psi(x,y)$, 求 $\frac{\partial z}{\partial x}$, $\frac{\partial z}{\partial y}$.

6. 设 $z=f(x,y,u)$, $u=\varphi(x,y)$, 求 $\frac{\partial z}{\partial x}$, $\frac{\partial z}{\partial y}$.

### (二)能力提升

1. 设 $z=f(x,xy,\sin \mathrm{e}^{xy})$, 求 $\frac{\partial z}{\partial x}$, $\frac{\partial z}{\partial y}$, $\mathrm{d}z$.

2. 设 $u=f(x,xy,xyz)$, 其中 $f$ 有二阶连续偏导, 求 $\frac{\partial^2 u}{\partial x^2}$, $\frac{\partial^2 u}{\partial x\partial y}$, $\frac{\partial^2 u}{\partial x\partial z}$.

## 答案

### (一)基础练习

1. $\frac{\mathrm{d}z}{\mathrm{d}t}=\frac{3(1-4t^2)}{\sqrt{1-(3t-4t^3)^2}}$.

2. $\frac{\mathrm{d}z}{\mathrm{d}t}=\frac{\varphi'(t)-\psi'(t)}{\sqrt{1-[\varphi(t)-\psi(t)]^2}}$.

## 答案

### (一)基础练习

1. (1)确定了一个一元函数,$\frac{\mathrm{d}y}{\mathrm{d}x}=\frac{y^2-\mathrm{e}^x}{\cos y-2xy}$;

(2)确定了一个二元函数,$\frac{\partial z}{\partial x}=\frac{yz}{z^2-xy},\frac{\partial z}{\partial y}=\frac{xz}{z^2-xy}$;

(3)确定了两个一元函数,$\frac{\mathrm{d}y}{\mathrm{d}x}=-\frac{x(6z+1)}{2y(3z+1)},\frac{\mathrm{d}z}{\mathrm{d}x}=\frac{x}{3z+1}$;

(4)确定了两个二元函数,$\frac{\partial u}{\partial x}=\frac{-uf_1(2yvg_2-1)-f_2\cdot g_1}{(xf_1-1)(2yvg_2-1)-f_2\cdot g_1},\frac{\partial v}{\partial x}=\frac{g_1(xf_1+uf_1-1)}{(xf_1-1)(2yvg_2-1)-f_2\cdot g_1}$.

2. $\frac{\partial^2 z}{\partial x\partial y}=\frac{2x(1+\mathrm{e}^x)^2-2x^3y\mathrm{e}^z}{(1+\mathrm{e}^x)^3}$.

### (二)能力提升

能力提升
第 3 题讲解视频

1. $x\frac{\partial z}{\partial x}-y\frac{\partial z}{\partial y}=z$.

2. $\frac{\mathrm{d}u}{\mathrm{d}x}=f_x+\frac{y^2}{1-xy}f_y+\frac{z}{xz-x}f_z$.

3. 见讲解视频.

# 第六节　多元函数微分学的几何应用

## 学习目标

1. 知道讨论空间曲线的切线、空间曲面切平面的意义.
2. 了解向量值函数的概念和向量值函数的极限、连续、导向量.
3. 知道空间曲线方程的两种形式;会求空间曲线在某点处的切向量,并能写出切线方程和法平面方程.
4. 知道空间曲面方程的两种形式;会求空间曲面在某点处切平面的法向量,并能写出切平面方程和法线方程.

## 学习资料

### (一)教材范围

《高等数学》同济大学 第八版 下册 第 89~100 页

**(二)线上资源**

**资源 1** 庞永峰,陈清江,张雅荣.曲面的切平面引入方式的比较[J].高等数学研究,2023,26(2):69-72

**资源 2** 空间曲线的切向量问题,空间曲面的法向量问题

资源 1

资源 2

**(三)相关实际或军事问题**

**实例 1** 导弹运动过程中,确定某时刻的速度方向及所受离心力(向心力)的方向.

## 预习问题

1. 平面曲线表示形式有哪几种,如何求平面曲线的切线和法线方程?
2. 空间曲线和空间曲面的表示形式有哪几种?
3. 如何求空间曲线在某点处切线的方向向量,及所对应的切线方程和法平面方程?
4. 如何求空间曲面在某点处切平面的法向量,及所对应的切平面方程和法线方程?

## 练习题

**(一)基础练习**

1. 求曲线 $x=t,y=t^2,z=t^3$ 在点(1,1,1)处的切线及法平面方程.
2. 求球面 $x^2+y^2+z^2=14$ 在点(1,2,3)处的切平面及法线方程.
3. 求曲面上$\dfrac{x^2}{2}+\dfrac{y^2}{3}-\dfrac{z^2}{4}=1$ 平行于平面 $x+2y+z+1=0$ 的切平面方程.

**(二)能力提升**

1. 求曲线$\begin{cases}x^2+y^2+z^2=6\\x+y+z=0\end{cases}$在点(1,-2,1)处的切线及法平面方程.

2. 在曲面 $z=xy$ 上求一点,使该点的法线垂直于平面 $x+3y+z+9=0$,并写出这条法线的方程.

3. 证明:曲面 $f(cx-az,cy-bz)=0$ 上任意一点处的切平面均与直线$\dfrac{x}{a}=\dfrac{y}{b}=\dfrac{z}{c}$平行.

## 答案

**(一)基础练习**

1. 切线方程:$\dfrac{x-1}{1}=\dfrac{y-1}{2}=\dfrac{z-1}{3}$;法平面方程:$x+2y+3z=6$.

2. 切平面方程:$x+2y+3z-14=0$;法线方程:$\dfrac{x-1}{1}=\dfrac{y-2}{2}=\dfrac{z-3}{3}$.

3. $x+2y+z\pm10=0$.

(二)能力提升

能力提升
第 3 题讲解视频

1. 切线方程:$\frac{x-1}{1}=\frac{y+2}{0}=\frac{z-1}{-1}$;法平面方程:$x-z=0$.

2. $(-3,-1,3)$,$\frac{x+3}{1}=\frac{y+1}{3}=\frac{z-3}{1}$.

3. 见讲解视频.

# 第七节　方向导数与梯度

## 学习目标

1. 了解讨论方向导数的实际意义(多元函数在一点处沿任一方向的变化率).

2. 掌握方向导数的概念;理解方向导数与偏导数的关系,并会求函数在某点处沿任一方向的方向导数.

3. 掌握梯度的概念及梯度与方向导数的关系,并会求函数在一点处的梯度;会用等值线刻画梯度的方向.

4. 了解方向导数与梯度在各领域中的应用.

## 学习资料

资源 1(1)

资源 1(2)

### (一)教材范围

《高等数学》 同济大学 第八版 下册 第 100~108 页

### (二)线上资源

**资源 1**　(1)方向导数的概念以及与偏导数的关系;(2)如何在几何上刻画梯度方向

### (三)相关实际或军事问题

**实例 1**　军犬根据气味变化按照怎样的路径搜索目标物?

**实例 2**　认识军事地形图,如何选择合适的行军路线等辅助战略部署.

**实例 3**　抢占制高点路线问题:战场上,为抢得先机,敌我双方都想尽快占领战场的制高点,制高点有观测作用,有利于观察敌情,也有利于绘制作战图标布置兵力;制高点有压制作用,在高处射程更远,可以更好地控制周围的通道,压制对方的活动空间. 为此双方需争分夺秒地向该高地急行军,争取先占领制高点以取得战场主动权. 那么作为指挥员,如何根据地形图选择行军路线呢?

## 预习问题

1. 什么是函数 $z=f(x,y)$ 在点 $P_0$ 处沿方向 $l$ 的方向导数？与函数在该点处的偏导数的关系是什么？

2. 什么条件下方向导数存在？如何计算函数的方向导数？

3. 什么是函数的梯度？如何计算函数在某点处的梯度？

4. 梯度与方向导数的关系是什么？如何在几何上刻画梯度方向？

## 练习题

### (一) 基础练习

1. 求函数 $z=x^2+y^2$ 在点 $(1,2)$ 处沿点 $(1,2)$ 到点 $(2,2+\sqrt{3})$ 的方向的方向导数.

2. 求函数 $u=xy^2+z^3-xyz$ 在点 $(1,1,2)$ 处沿方向角 $\alpha=\frac{\pi}{3},\beta=\frac{\pi}{4},\gamma=\frac{\pi}{3}$ 的方向导数.

3. 设函数 $f(x,y,z)=x^3-xy^2-z$，$P_0(1,1,0)$，则 $f(x,y,z)$ 在点 $P_0$ 处沿什么方向变化最快，在这个方向的变化率是多少？

### (二) 能力提升

1. 求函数 $z=1-\left(\frac{x^2}{a^2}+\frac{y^2}{b^2}\right)$ 在点 $\left(\frac{a}{\sqrt{2}},\frac{b}{\sqrt{2}}\right)$ 处沿曲线 $\frac{x^2}{a^2}+\frac{y^2}{b^2}=1$ 的内法线方向的方向导数.

2. 在山脚下某一点，沿怎样的线路爬山能尽快到达山顶？

## 答案

### (一) 基础练习

1. $\left.\frac{\partial z}{\partial l}\right|_{(1,2)}=1+2\sqrt{3}$.

2. $\left.\frac{\partial u}{\partial l}\right|_{(1,1,2)}=5$.

3. 梯度为 $\mathrm{grad}\, f(1,1,0)=(2,-2,-1)$，函数沿梯度的正方向增加最快，方向导数为 3，函数沿梯度的负方向减小最快，方向导数为 $-3$.

### (二) 能力提升

1. $\frac{1}{ab}\sqrt{2(a^2+b^2)}$.

2. 建立模型：设山的高度函数为 $f(x,y)=xye^{-x^2-y^2}$，在山脚下点 $P(2,0.5,0)$ 处，给出尽快到达山顶的方案.（实际地形复杂，为了便于讨论，简化问题假设山的高度函数为一个具体二元函数.）

能力提升
第 1 题讲解视频

**解** 先确定尽快到达山顶的方向，即求在山脚点处的梯度：

$$\nabla f(P)=(f_x(2,0.5),f_y(2,0.5))\approx(-0.499,0.014)$$

登山方案：理论上讲，从当前点出发，每走一步，在新的点需要再沿着新的梯度方向爬山，但有无穷多个点，解决的方法是沿着梯度方向走一小段，到达新的一个点后，再沿着新点的梯度方向走下一段……（那么这一小段到底走多远？利用一元函数最值.）

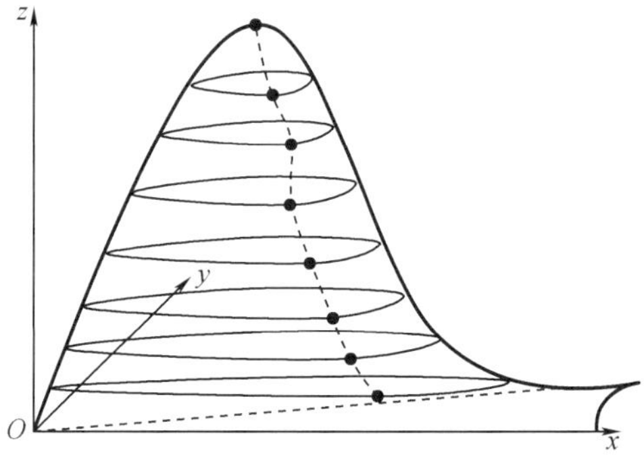


图 9-2　能力提升第 2 题图

# 第八节　多元函数的极值及其求法

## 学习目标

1. 会类比一元函数的极值与最值；讨论多元函数（以二元函数为主）的极值与最值；理解多元函数极值的定义.

2. 理解驻点的含义及其与极值点的关系；掌握求二元函数极值的思路；会求二元函数的极值.

3. 了解条件极值的概念；会利用拉格朗日乘数法求条件极值.

4. 会求连续函数在有界闭区域上的最值；能够求解一些较简单的实际问题的最值.

## 学习资料

资源 1

资源 2

### （一）教材范围

《高等数学》 同济大学 第八版 下册 一元函数的极值、最值问题

《高等数学》 同济大学 第八版 下册 第 108~118 页

### （二）线上资源

**资源 1**　曾春花. 多元函数的极值及其应用［J］. 科技视界，2018（28）：73-74

**资源 2**　二元函数的极值和最值

### (三)相关实际或军事问题

**实例 1** 制高点为作战时在某一局部范围内相对最高点,作战时控制制高点就可以用较少的兵力控制和封锁一大片区域. 在丘陵地带作战时,设一小山表面对应的方程为 $z=f(x,y)=75-x^2-y^2+xy$. 其中$\{(x,y)\mid 75-x^2-y^2+xy\leqslant 0\}$. 指定作战计划时,作为指挥员,如何在山脚下选择一合适的点 $M_0(x_0,y_0,0)$,使得函数 $z=f(x,y)$ 在该点处方向导数最大?

**实例 2** 苏兴花. 多元函数的极值及其应用[J]. 科技创新与应用,2012(11):274.

实例 2

## 预习问题

1. 什么是二元函数的极值? 怎样理解极值的局部性?
2. 怎样求二元函数的极值,它的思路是什么,具体怎么操作?
3. 求多元函数条件极值的方法是什么? 怎样利用拉格朗日乘数法求多元函数的条件极值?
4. 如何求连续函数在有界闭区域上的最值,如何求实际问题的最值?

## 练习题

### (一)基础练习

1. 判断函数 $z=x^2+y^2$;$z=-\sqrt{x^2+y^2}$;$z=xy$ 在点 $O(0,0)$处是否取极值.
2. 假设曲面函数为 $z=f(x,y)=x^3-y^3+3x^2+3y^2-9x$,求函数的极值.
3. 设一薄平面圆板占有区域$\{(x,y)\mid x^2+y^2\leqslant 1\}$,寒冷季节加热该圆板,在点$(x,y)$处温度为 $z=x^2+2y^2-x$,求该圆板温度的最热点和最冷点.
4. 求函数 $u=xyz$ 在条件$\dfrac{1}{x}+\dfrac{1}{y}+\dfrac{1}{z}=\dfrac{1}{a}(x>0,y>0,z>0,a>0)$下的极值.

### (二)能力提升

1. 求由方程 $2x^2+2y^2+z^2+8xz-z+8=0$ 所确定的隐函数 $z=f(x,y)$的极值点.
2. 设有一座小山,山底部所占区域 $D=\{(x,y)\mid x^2+2y^2\leqslant 5\}$,山高度为 $z=5-x^2-2y^2$. 求:

(1)山表面一点 $M_0(x_0,y_0,z_0)$沿水平面哪个方向高度增加最快,并计算增加最快速率 $g(x_0,y_0)$;

(2)在山脚下寻找一点,使得在该点处坡度最大.

## 答案

### (一)基础练习

1. 取极小值;取极大值;没有极值.
2. 在点$(1,0)$处有极小值 $f(1,0)=-5$;在点$(-3,2)$处有极大值 $f(-3,2)=31$.
3. 在点$\left(-\dfrac{1}{2},\pm\dfrac{\sqrt{3}}{2}\right)$处为最热,$z_{\max}=\dfrac{9}{4}$;在点$\left(\dfrac{1}{2},0\right)$为最冷,$z_{\min}=-\dfrac{1}{4}$.

4. 在点$(3a,3a,3a)$处有极小值，$u(3a,3a,3a)=27a^3$.

(二) 能力提升

1. $(-2,0)$为极小值点，$\left(\frac{16}{7},0\right)$为极大值点.

2. (1) 方向为 $\text{grad}\, z(x_0,y_0)=(-2x_0,-4y_0)$，高度增加最快速率为该方向的方向导数 $g(x_0,y_0)=\sqrt{4x_0^2+16y_0^2}$；(2) 山脚下点 $M_1\left(0,\frac{\sqrt{10}}{2},0\right)$，$M_2\left(0,-\frac{\sqrt{10}}{2},0\right)$处坡度最大.

# 本章小结

## 知识框架

- 多元函数微分学及其应用
  - 多元函数的基本概念
    - 定义、表示法和定义域
    - 平面点集
      - 点的类型
      - 点集的类型
  - 多元函数的极限
    - 定义
    - 如何判断二重极限不存在
    - 存在时，二重极限计算方法
      - 转化为一元函数
      - 夹逼准则
      - 定义法
      - （主要讨论二重极限）
  - 多元函数的连续性
    - 定义、函数连续性的判断
    - 初等函数的连续性、连续函数在有界闭区域上的性质
  - 多元函数微分学
    - 偏导数
      - 定义、函数偏导存在性的判断、几何意义
      - 求导的方法（一阶高阶）
        - 显函数:定义法、直接法
        - 抽象多元函数:复合函数求导法
        - 隐函数(方程(组)确定的隐函数):公式法、规律法
    - 全微分
      - 定义、函数可微性的判断
      - 极限存在、连续、可微、偏导存在和偏导连续的关系
      - 全微分的计算和几何意义
  - 多元函数微分学的应用
    - 空间曲线的切线与法平面
      - 空间曲线方程为参数方程情形
      - 空间曲线方程为一般方程情形
      - （关键求切向量）
    - 空间曲面的法线与切平面
      - 曲面方程为隐式方程情形
      - 曲面方程为显式方程情形
      - （关键求法向量）
    - 方向导数与梯度
      - 方向导数
        - 定义；方向导数与偏导数、可微的关系
        - 计算
      - 梯度
        - 定义、计算
        - 梯度与方向导数的关系、几何意义（梯度的方向）
    - 极值与最值（计算法）
      - 无条件极值（定义、定理法）
        - 具体函数
        - 实际问题
      - 条件极值(转化为一元函数最值、拉格朗日乘数法)
        - 具体(连续)函数在有界闭区域上的最值
        - 实际问题

## 概念方法问题梳理

这一章内容是一元函数微分学的推广，是微积分的重要组成部分. 按照函数(二元函数为主体)、极限、连续、偏导数、微分、偏导数的应用的顺序展开，运用了类比推广建立概念，形成理论.

概念方法问题梳理

**问题一** 简要概括这一章的内容.

**问题二** 写出一元函数、二元函数的表示形式，画出对应的草图，说明其共性及不同. 解释二元函数不讨论单调性及周期性的理由.

**问题三** 写出二元函数 $f(x,y)$ 在点 $(x_0,y_0)$ 处有定义、极限存在、连续、可偏导、可微、偏导数连续的逻辑关系图，比较与一元情形的差异，并举出偏导数存在但不连续，偏导数存在但不可微的反例.

**问题四** 梳理并总结出函数(一元及二元函数)求(偏)导数的思路、方法、技巧.

**问题五** 说明二元函数偏导数与沿某方向的方向导数的联系与区别.

**问题六** 二元函数沿某方向 $l$ 的方向导数是什么意思？其几何意义是什么？如何计算方向导数？

**问题七** 梯度是什么？梯度的方向在哪里？引进梯度有什么意义？

**问题八** 曲面(两种方程形式下)的切平面的方程怎么确定？关键点是什么？

**问题九** 曲线(两种方程形式下)的切线方程怎么确定？关键点是什么？

**问题十** 写出求无条件极值的思路及计算极值的具体方法. 什么是条件极值？写出求条件极值的思路方法. 设函数 $z=f(x,y)$ 定义在闭区域 $D$ 上，写出求 $f(x,y)$ 在 $D$ 上的最值的思路方法.

**问题十一** 举出梯度在军事应用上的实例.

## 难点、疑点问题

**问题一** 怎么区分隐函数、复合函数的求偏导方法？抽象的复合函数求高阶偏导关键点在哪里？举例说明.

**问题二** 梯度方向是怎么确定的？

**问题三** 怎样利用二元函数极限、连续、偏导、微分的定义推导证明一些结论？(举例说明.)

# 本 章 练 习

1. 分析讨论函数

$$z=f(x,y)=\begin{cases}(x^2+y^2)\sin\dfrac{1}{\sqrt{x^2+y^2}}, & x^2+y^2\neq 0\\ 0, & x^2+y^2=0\end{cases}$$

本章练习讲解

在坐标原点处:(1)是否连续? (2)偏导数是否存在? (3)是否可微? (4)偏导数是否连续?

2. 函数 $f(u,v)$ 有二阶连续偏导,函数 $g(x,y)=\frac{x}{y}-f(x+y^2,x^2-y)$,求 $\frac{\partial^2 g}{\partial x\partial y}$.

3. 函数 $u=u(x,y)$,$v=v(x,y)$ 偏导存在,且由方程组 $\begin{cases}xu-yv=0\\yu+xv=1\end{cases}$ 所确定,求 $\frac{\partial u}{\partial x},\frac{\partial v}{\partial x}$.

4. 求曲线 $x=\frac{t}{1+t}$,$y=\frac{1+t}{t}$,$z=t^2$ 在 $t_0=1$ 时的切线及法平面.

5. 求曲线 $\begin{cases}x^2+y^2+z^2-3x=0\\2x-3y+5z-4=0\end{cases}$ 在点$(1,1,1)$处的切线及法平面.

6. 求曲面 $z=x^2+y^2-1$ 在点$(2,1,4)$处的切平面、法线方程和在该点的梯度.

7. 求曲面 $e^z-z+xy=3$ 在点$(2,1,0)$处的切平面、法线方程.

8. 制高点为作战时在某一局部范围内相对最高点,作战时可居高观察敌情和压制敌人火力的最高地形、地物,控制制高点就可以用较少的兵力控制和封锁一大片区域. 在丘陵地带作战中,设一小山表面对应方程为 $z=f(x,y)=75-x^2-y^2+xy$,其中 $\{(x,y)\mid x^2+y^2-xy\leqslant 75\}$.

作为指挥员:(1)如果你的位置在小山表面 $M_1(5,5,50)$ 处,你将沿着什么方向带领战士以最快的速度上山占领制高点? (2)制定作战计划时,请你在山脚下选择一合适的点 $M_0(x_0,y_0,0)$,使得函数 $z=f(x,y)$ 在该点处方向导数最大.

9. 求函数 $u=x^2+y^2+z^2$ 在约束条件 $z=x^2+y^2$,$x+y+z=4$ 下的最大和最小值.

10. 设 $F\left(\frac{y}{x},\frac{z}{x}\right)=0$,其中 $F$ 有一阶连续偏导,证明:$x\frac{\partial z}{\partial x}+y\frac{\partial z}{\partial y}=z$.

# 本 章 自 测

## 一、填空题

1. 二元函数常用的表达式有显式和隐式情形,显式是指________;隐式是指________.

2. 如果________存在,那么称此极限为函数 $z=f(x,y)$ 在点$(x_0,y_0)$处对 $x$ 的偏导数.

3. 已知函数 $z=f(x,y)$,函数在点$(x_0,y_0)$可偏导是在该点可微的________条件;函数在点$(x_0,y_0)$可偏导是函数在该点沿 $x$ 轴方向的方向导数存在的________条件;函数在该点可偏导是函数在该点连续的________条件.

4. 曲面 $z-e^z+2xy=3$ 在点$(1,2,0)$处的切平面方程为________,法线方程为________.

5. 设函数 $z=f(x,y)$ 在点$(x_0,y_0)$具有偏导数,且在点$(x_0,y_0)$处有极值,则有________.

6. 如果函数 $f(x,y)$ 在$(x_0,y_0)$处可微分,则函数在该点沿任一方向的方向导数可用公式 $\left.\frac{\partial f}{\partial l}\right|_{(x_0,y_0)}=$ ____________ 计算;如果函数 $f(x,y)$ 在$(x_0,y_0)$处具有一阶连续偏导,则函

数在 $(x_0,y_0)$ 处的梯度 grad $f(x_0,y_0)=$ ________.

**二、计算题**

1. $z=(x^2+y^2)\mathrm{e}^{-\arctan\frac{y}{x}}$，求 $\mathrm{d}z$ 和 $\dfrac{\partial^2 z}{\partial x\partial y}$.

2. 设 $u=x^y$，而 $x=\varphi(t)$，$y=\psi(t)$ 都是可微函数，求 $\dfrac{\mathrm{d}u}{\mathrm{d}t}$.

3. 设 $u=f\left(\dfrac{x}{y},\dfrac{y}{z}\right)$，其中 $f$ 具有二阶连续偏导数，求 $\mathrm{d}u$ 和 $\dfrac{\partial^2 u}{\partial x\partial y}$.

4. 设 $z=f(\mathrm{e}^{xy},x^2-y^2)$，其中 $f$ 具有二阶连续偏导数，求 $\mathrm{d}z$ 和 $\dfrac{\partial^2 z}{\partial x\partial y}$.

5. 设 $z=f\left(xy,\dfrac{x}{y}\right)+\sin y$，其中 $f$ 具有二阶连续偏导，求 $\dfrac{\partial^2 g}{\partial x\partial y}$.

6. 设 $x=\mathrm{e}^u\cos v$，$y=\mathrm{e}^u\sin v$，$z=uv$，试求 $\dfrac{\partial z}{\partial x}$ 和 $\dfrac{\partial z}{\partial y}$.

7. 设 $y=y(x)$，$z=z(x)$ 由方程 $\begin{cases}x^2+y^2+z^2=6\\x+y+z=0\end{cases}$ 所确定，求 $\dfrac{\mathrm{d}y}{\mathrm{d}x}$，$\dfrac{\mathrm{d}z}{\mathrm{d}x}$.

8. 设 $y=y(x)$，$z=z(x)$ 是由方程 $z=xy(x+y)$ 和 $F(x,y,z)=0$ 所确定的函数，其中 $f$ 和 $F$ 分别具有一阶连续导数和一阶连续偏导数，求 $\dfrac{\mathrm{d}z}{\mathrm{d}x}$.

9. 设 $u=f(x,y,z)$，$\varphi(x^2,\mathrm{e}^y,z)=0$，$y=\sin x$，其中 $f,\varphi$ 都具有一阶连续偏导数，且 $\dfrac{\partial\varphi}{\partial z}\neq 0$，求 $\dfrac{\mathrm{d}u}{\mathrm{d}x}$.

10. 在曲面 $z=\dfrac{x^2}{2}+y^2$ 上求一点，使这点处的法线垂直于平面 $2x+2y-z=3$，并写出这条法线的方程.

11. 求函数 $u=xy^2z$ 在点 $P_0(1,-1,2)$ 处变化最快的方向，并求沿这个方向的方向导数.

12. 求由方程 $x^2+y^2+z^2-2x+2y-4z-10=0$ 确定的函数 $z=f(x,y)$ 的极值.

13. 求函数 $f(x,y)=4x+xy^2+y^2$ 在闭圆域 $x^2+y^2\leqslant 1$ 上的最大值与最小值.

**三、分析讨论题**

1. 设函数 $z=f(x,y)=\begin{cases}\dfrac{x^2y^2}{(x^2+y^2)^{\frac{3}{2}}}, & x^2+y^2\neq 0\\ 0, & x^2+y^2=0\end{cases}$，试分析讨论该函数在 $(0,0)$ 处是否连续，偏导数是否存在，是否可微？给出分析过程.

2. (1) 设函数 $z=f(x,y)$ 在点 $(x_0,y_0)$ 处可偏导，于是

$$\mathrm{d}z\big|_{(x_0,y_0)}=\frac{\partial f}{\partial x}\bigg|_{(x_0,y_0)}\mathrm{d}x+\frac{\partial f}{\partial y}\bigg|_{(x_0,y_0)}\mathrm{d}y$$

(2)设函数 $z=f(x,y)$ 在点(0,0)的某邻域内有定义,且 $f_x(0,0)=2, f_y(0,0)=1$,则

$$dz\big|_{(0,0)}=2dx+dy$$

分析以上两种说法是否合理,为什么?

3. 试写出二元函数在某点处极限存在、连续、偏导数存在、可微、偏导数连续之间的关系.(可画关系图.)

## 四、证明题

1. 证明:曲线 $\begin{cases} y^2-z=0 \\ 3x+2y+1=0 \end{cases}$ 在点(-1,1,1)处的法平面与直线 $\dfrac{x-1}{-2}=\dfrac{y-2}{3}=\dfrac{z-1}{6}$ 垂直.

2. 设函数 $u(x,y)=\varphi(x+y)+\varphi(x-y)+\int_{x-y}^{x+y}\psi(t)\,dt$, 其中函数 $\varphi$ 具有二阶导数, $\psi$ 具有一阶导数. 证明: $\dfrac{\partial^2 u}{\partial x^2}=\dfrac{\partial^2 u}{\partial y^2}$.

# 答案

## 一、填空题

1. $z=f(x,y), F(x,y,z)=0$.

2. $\lim\limits_{\Delta x\to 0}\dfrac{f(x_0+\Delta x,y_0)-f(x_0,y_0)}{\Delta x}$ 或 $\lim\limits_{x\to x_0}\dfrac{f(x,y_0)-f(x_0,y_0)}{x-x_0}$.

3. 必要;充分;既不充分也不必要.

4. $2x+y-4=0$, $\begin{cases} \dfrac{x-1}{2}=\dfrac{y-2}{1} \\ z=0 \end{cases}$ 或 $\dfrac{x-1}{2}=\dfrac{y-2}{1}=\dfrac{z-0}{0}$.

5. $f_x(x_0,y_0)=0, f_y(x_0,y_0)=0$.

6. $f_x(x_0,y_0)\cos\alpha+f_y(x_0,y_0)\cos\beta$, $f_x(x_0,y_0)\boldsymbol{i}+f_y(x_0,y_0)\boldsymbol{j}$.

## 二、计算题

1. $dz=(2x+y)e^{-\arctan\frac{y}{x}}dx+(2y-x)e^{-\arctan\frac{y}{x}}dy$, $\dfrac{\partial^2 z}{\partial x\partial y}=\dfrac{y^2-x^2-xy}{x^2+y^2}e^{-\arctan\frac{y}{x}}$.

2. $\dfrac{du}{dt}=yx^{y-1}\cdot\varphi'(t)+x^y\ln x\cdot\psi'(t)$.

3. $du=\dfrac{1}{y}f_1dx+\left(-\dfrac{x}{y^2}f_1+\dfrac{1}{z}f_2\right)dy-\dfrac{y}{z^2}f_2dz$, $\dfrac{\partial^2 u}{\partial x\partial y}=-\dfrac{1}{y^2}f_1-\dfrac{x}{y^3}f_{11}+\dfrac{1}{yz}f_{12}$.

4. $dz=(ye^{xy}f_1+2xf_2)dx+(xe^{xy}f_1-2yf_2)dy$, $\dfrac{\partial^2 z}{\partial x\partial y}=xye^{2xy}f_{11}+2(x^2-y^2)f_{12}\cdot e^{xy}-4xyf_{22}+(e^{xy}+xye^{xy})f_1$.

5. $\dfrac{\partial^2 g}{\partial x\partial y}=f_1+xyf_{11}-\dfrac{1}{y^2}f_2-\dfrac{x}{y^3}f_{22}$.

6. $\dfrac{\partial z}{\partial x}=(v\cos v-u\sin v)e^{-u}$, $\dfrac{\partial z}{\partial y}=(u\cos v+v\sin v)e^{-u}$.

7. $\frac{dy}{dx}=-\frac{z-x}{z-y},\frac{dz}{dx}=-\frac{x-y}{z-y}$.

8. $\frac{dz}{dx}=\frac{(f+xf')F_y-xf'F_x}{F_y+xf'F_z}(F_y+xf'F_z\neq 0)$.

9. $\frac{du}{dx}=f_1+f_2\cos x-\frac{f_3}{\varphi_3'}(2x\varphi_1'+e^y\varphi_2'\cos x)$.

10. $(2,1,3)$，$\frac{x-2}{2}=\frac{y-1}{2}=\frac{z-3}{-1}$.

11. 增加最快的方向为 $\boldsymbol{n}=\frac{1}{\sqrt{21}}(2,-4,1)$，方向导数为 $\sqrt{21}$；减小最快的方向为 $-\boldsymbol{n}=\frac{1}{\sqrt{21}}(-2,4,-1)$，方向导数为 $-\sqrt{21}$.

12. 极小值为 $z=-2$，极大值为 $z=6$.

13. 最大值为 $f(1,0)=4$，最小值为 $f(-1,0)=-4$.

## 三、分析讨论题

1. 连续，偏导数存在，不可微.

(1) 由于 $0\leqslant\left|\frac{x^2y^2}{(x^2+y^2)^{\frac{3}{2}}}\right|\leqslant\sqrt{x^2+y^2}$，由夹逼准测知

$$\lim_{(x,y)\to(0,0)}\frac{x^2y^2}{(x^2+y^2)^{\frac{3}{2}}}=0=f(0,0)$$

所以函数在 $(0,0)$ 处连续；

(2) $f_x(0,0)=\lim_{x\to 0}\frac{f(x,0)-f(0,0)}{x}=0$，$f_y(0,0)=\lim_{y\to 0}\frac{f(0,y)-f(0,0)}{x}=0$，所以函数在 $(0,0)$ 处偏导数存在；

(3) 由于

$$\Delta z=f(0+\Delta x,0+\Delta y)-f(0,0)=\frac{(\Delta x)^2(\Delta y)^2}{[(\Delta x)^2+(\Delta y)^2]^{\frac{3}{2}}}$$

而

$$\lim_{\substack{(\Delta x,\Delta y)\to(0,0)\\ \Delta y=\Delta x}}\frac{\Delta z-f_x(0,0)\Delta x-f_y(0,0)\Delta y}{\sqrt{(\Delta x)^2+(\Delta y)^2}}=\lim_{\substack{(\Delta x,\Delta y)\to(0,0)\\ \Delta y=\Delta x}}\frac{\frac{(\Delta x)^2(\Delta y)^2}{[(\Delta x)^2+(\Delta y)^2]^{\frac{3}{2}}}}{\sqrt{(\Delta x)^2+(\Delta y)^2}}$$

$$=\lim_{\Delta x\to 0}\frac{(\Delta x)^4}{[2(\Delta x)^2]^2}$$

$$=\frac{1}{4}\neq 0$$

故函数在 $(0,0)$ 处不可微.

2. 不合理. 提示:无法说明可微.

3. $z=f(x,y)$ 在 $(x_0,y_0)$ 处

四、证明题

1. 提示用隐函数组求导法求出法平面的法向量 $\boldsymbol{n}$,说明 $\boldsymbol{n} \parallel \boldsymbol{s}$ 即可.

2. 略.

# 第十章　重　积　分

## 第一节　二重积分的概念与性质

### 学习目标

1. 知道二重积分产生的实际背景;能和定积分进行类比分析.
2. 理解二重积分的定义、几何意义;理解二重积分的性质.
3. 会利用二重积分表示平面区域的面积和空间区域的体积.

### 学习资料

#### (一) 教材范围

《高等数学》同济大学 第八版 上册 定积分的概念与性质

《高等数学》同济大学 第八版 下册 第 130~136 页

#### (二) 相关实际或军事问题

**实例 1**　设一不规则立体占有空间区域,求该立体的体积.

**实例 2**　求某一不均匀平面薄片的质量.

### 预习问题

1. 定积分产生的实际背景是什么? 曲边梯形面积的求解方法是什么? 如何用定积分表示不均匀直线形构件的质量?

2. 从定义的角度看,二重积分的本质是什么? 它在几何上表示什么?

3. 二重积分的线性性、对积分区域的可加性是什么? 对于二重积分的计算有什么帮助?

4. 定积分的积分中值定理可以理解为 $\dfrac{\int_a^b f(x)\,\mathrm{d}x}{b-a}$ 是连续函数 $f(x)$ 在区间 $[a,b]$ 上的平均数,那么二元连续函数 $f(x,y)$ 在有界闭区域 $D$ 上的平均数如何表示?

### 练习题

#### (一) 基础练习

1. 用二重积分表示下列立体的体积.

(1)曲面方程为 $z=x^2y$,底面区域 $D$ 是正方形:$0\leqslant x\leqslant 1$;$0\leqslant y\leqslant 1$;

(2)曲面 $z=a+\sqrt{a^2-x^2-y^2}\ (a>0)$ 与曲面 $z=\sqrt{x^2+y^2}$ 所围成的立体.

2. 一带电薄板位于 $xOy$ 平面上,占有区域 $D$,薄板上电荷分布的面密度为 $\mu(x,y)$,且 $\mu(x,y)$ 在 $D$ 上连续,用二重积分表示该薄板上的全部电荷量.

3. 用二重积分的对称性及几何意义求下列积分值.

(1) $\iint\limits_{x^2+y^2\leqslant 1}\sqrt{1-x^2-y^2}\,\mathrm{d}\sigma$;

(2) $\iint\limits_{x^2+y^2\leqslant 1}(x+x^3y)\,\mathrm{d}\sigma$.

**(二)能力提升**

1. 写出几个二重积分对称性的公式.

2. 设二元函数 $f(x,y)$,$g(x,y)$ 在有界闭区域 $D$ 上连续,且 $g(x,y)>0$,证明在 $D$ 上至少存在一点 $(\xi,\eta)$,使得 $\iint\limits_D f(x,y)g(x,y)\,\mathrm{d}\sigma=f(\xi,\eta)\iint\limits_D g(x,y)\,\mathrm{d}\sigma$.

## 答案

**(一)基础练习**

1. (1) $\iint\limits_D x^2y\,\mathrm{d}\sigma$;

(2) $\iint\limits_D\left(a+\sqrt{a^2-x^2-y^2}-\sqrt{x^2+y^2}\right)\mathrm{d}\sigma$,其中 $D$ 为该立体在 $xOy$ 面的投影.

2. $\iint\limits_D u(x,y)\,\mathrm{d}\sigma$.

3. (1) $\frac{2}{3}\pi$;(2)0.

能力提升
第1题讲解视频

能力提升
第2题讲解视频

**(二)能力提升**

1. 见讲解视频.

2. 分析:要证 $\iint\limits_D f(x,y)g(x,y)\,\mathrm{d}\sigma=f(\xi,\eta)\iint\limits_D g(x,y)\,\mathrm{d}\sigma$,即证

$$f(\xi,\eta)=\frac{\iint\limits_D f(x,y)g(x,y)\,\mathrm{d}\sigma}{\iint\limits_D g(x,y)\,\mathrm{d}\sigma}$$

由于 $f(x,y)$ 是在有界闭区域 $D$ 上的连续函数,只需证介于最大值与最小值之间即可.(根据二重积分的不等式性质.)

# 第二节 二重积分的计算方法

## 学习目标

1. 掌握直角坐标系下的二重积分的计算方法.
2. 会根据被积函数和积分区域,选择合适的积分次序;会更改积分次序计算二次积分.
3. 掌握极坐标系下的二重积分的计算方法;会选择适当的坐标系计算二重积分.
4. 能运用对称性简化二重积分的计算.

## 学习资料

### (一) 教材范围

《高等数学》同济大学 第八版 上册 定积分的计算、定积分的应用
《高等数学》同济大学 第八版 下册 第 136~153 页

### (二) 线上资源

**资源 1** 黄治文. 二重积分的计算与应用[J]. 数学学习与研究,2017(7):4-7,9

资源 1

**资源 2** 二重积分的计算

资源 2

### (三) 相关实际或军事问题

**实例 1** 炮弹体积的计算,空间物体体积计算.

**实例 2** 假设雷达的探测强度在占有面上的某个闭区域内有不同的分布,如何计算该雷达在此区域的总的探测能力,或者如何计算此区域内的平均探测强度?

## 预习问题

1. 如何计算平行截面面积为已知的立体体积?
2. 计算二重积分的主要思路是什么? 在直角坐标系下,如何选择积分次序计算二重积分?
3. 更改积分次序的意义是什么? 对于无法计算或难以计算的二次积分,如何更改积分次序?
4. 在极坐标系下,如何计算二重积分? 何时利用极坐标系计算二重积分?
5. 二重积分的奇偶对称和轮换对称分别是什么? 如何利用对称性简化二重积分计算?

## 练习题

### (一) 基础练习

1. 计算二重积分 $\iint\limits_D x\sqrt{y}\,\mathrm{d}\sigma$, 其中 $D$ 为由 $y=x^2$ 及 $x=y^2$ 所围成的闭区域.

2. 计算二重积分 $\iint\limits_D (x^2+y^2-x)\mathrm{d}\sigma$，其中 $D$ 为由 $y=x, y=1, y=2x$ 所围成的闭区域.

3. 计算二重积分 $\iint\limits_D \mathrm{e}^{x^2+y^2}\mathrm{d}\sigma$，其中 $D$ 为由 $x^2+y^2=1$ 所围成的闭区域.

4. 计算二重积分 $\iint\limits_D \frac{y^2}{x^2}\mathrm{d}\sigma$，其中 $D$ 为由 $x^2+y^2=2x$ 所围成的闭区域.

5. 改变下列二次积分的积分次序.

(1) $\int_0^1 \mathrm{d}y\int_0^y f(x,y)\mathrm{d}x$；

(2) $\int_1^2 \mathrm{d}x\int_{2-x}^{\sqrt{2x-x^2}} f(x,y)\mathrm{d}y$.

**(二)能力提升**

1. 计算二重积分 $\iint\limits_D y\mathrm{d}\sigma$，其中 $D$ 为由 $x=y^2, y=x-2$ 所围成的区域.

2. 计算二重积分 $\iint\limits_D (y^2+3x-6y+9)\mathrm{d}\sigma$，其中 $D$ 为由 $x^2+y^2=R^2$ 所围成的区域.

3. 计算二重积分 $\iint\limits_D (x+y)\mathrm{d}\sigma$，其中 $D: x^2+y^2\leqslant x+y$.

4. 计算二重积分 $\iint\limits_D |x^2+y^2-1|\mathrm{d}\sigma$，其中 $D: x^2+y^2\leqslant 4$.

5. 设 $f(u)$ 是连续函数，平面区域 $D$ 为由 $y=x^3, x=-1, y=1$ 所围成的区域，计算

$$\iint\limits_D x[1+yf(x^2+y^2)]\mathrm{d}\sigma$$

6. 求由曲面 $z=x^2+2y^2$ 及 $z=6-2x^2-y^2$ 所围成的立体的体积.

7. 求由平面曲线 $\begin{cases} z=x^2 \\ y=0 \end{cases}$ 绕 $z$ 轴旋转一周所得曲面与平面 $z=1$ 所围成的立体体积.

8. 计算二重积分 $\iint\limits_D \mathrm{e}^{x^2}\mathrm{d}\sigma$，其中 $D: x=0, x=1, y=0, y=x$ 所围成的区域.

9. 证明：$\int_0^a \mathrm{d}y\int_0^y \mathrm{e}^{m(a-x)}f(x)\mathrm{d}x=\int_0^a (a-x)\mathrm{e}^{m(a-x)}f(x)\mathrm{d}x$.

10. 计算 $\int_0^1 \mathrm{d}y\int_y^{\sqrt{y}} \frac{\sin x}{x}\mathrm{d}x$.

## 答案

**(一)基础练习**

1. $\frac{6}{55}$.

2. $\frac{7}{96}$.

3. $\pi(e^4-1)$.

4. $\pi$.

5. (1) $\int_0^1 dx\int_x^1 f(x,y)dy$; (2) $\int_0^1 dy\int_{2-y}^{1+\sqrt{1-y^2}} f(x,y)dx$.

(二) 能力提升

1. $\frac{9}{4}$.

2. $\frac{1}{4}\pi R^4+9\pi R^2$.

3. $\frac{\pi}{2}$.

4. $5\pi$.

5. $-\frac{2}{5}$.

6. $6\pi$.

7. $\frac{\pi}{2}$.

8. $\frac{e-1}{2}$.

9. 提示:交换积分次序.

10. $1+\sin 1$.

能力提升
第 4 题讲解视频

能力提升
第 5 题讲解视频

能力提升
第 10 题讲解视频

# 第三节 三重积分

## 学习目标

1. 了解三重积分产生的背景;能和定积分、二重积分进行类比分析.

2. 理解三重积分的概念与性质.

3. 掌握直角坐标系下将三重积分化为三次积分的方法;掌握柱面坐标系下计算三重积分的方法,了解球面坐标系下计算三重积分的方法.

4. 会选择合适的坐标系计算三重积分,并能够运用对称性简化计算.

5. 会运用三重积分表示并计算空间立体的体积.

## 学习资料

### (一) 教材范围

《高等数学》同济大学 第八版 下册 第 154~161 页

### (二)线上资源

**资源 1** 陈涌,由一道例题透析三重积分的解法[J]. 高等数学研究,2019(22):30-32

**资源 2** 三重积分的计算

资源 1

### (三)相关实际或军事问题

**实例 1** 子弹质量的高低影响其威力的大小,如何计算子弹的质量呢?

**实例 2** 龙卷风做功问题:龙卷风经过某处房盖上下两端产生压强差,导致房盖被掀起. 压强差产生的原因是屋顶上方空气流速大、压强小,小于屋内压强. 将问题简化,假定龙卷风只做单纯的圆周运动,可确定其速度函数,利用动能定理通过计算柱面坐标下的三重积分来求解其做功.

资源 2

## 预习问题

1. 三重积分产生的实际背景是什么?
2. 三重积分的性质有哪些,其中线性性、对积分区域的可加性在三重积分计算上提供了什么帮助?
3. 计算三重积分的主要思路是什么? 在直角坐标系下,将三重积分转化为三次积分的具体方法是什么?
4. 什么是柱面坐标系? 在柱面坐标系下如何计算三重积分?
5. 什么是球面坐标系? 在球面坐标系下如何计算三重积分?
6. 如何利用对称性简化计算三重积分?
7. 如何利用三重积分计算空间立体的体积?

## 练习题

### (一)基础练习

1. 计算 $\iiint\limits_{\Omega} xy^2z^3\mathrm{d}x\mathrm{d}y\mathrm{d}z$, 其中 $\Omega$ 是由曲面 $z=xy$ 与平面 $y=x, x=1, z=0$ 所围成的闭区域.

2. 用“先一后二”“先二后一”和柱面坐标计算 $\iiint\limits_{\Omega} z\mathrm{d}x\mathrm{d}y\mathrm{d}z$, 其中 $\Omega$ 是由锥面 $z=\dfrac{h}{R}\sqrt{x^2+y^2}$ 与平面 $z=h(R>0, h>0)$ 所围成的闭区域.

3. 计算 $\iiint\limits_{\Omega}(x^2+y^2)\mathrm{d}V$, 其中 $\Omega$ 是由曲面 $x^2+y^2=2z$ 与平面 $z=2$ 所围成的闭区域.

4. 计算 $\iiint\limits_{\Omega} z\mathrm{d}V$, 其中闭区域 $\Omega$ 由不等式 $x^2+y^2+(z-a)^2\leqslant a^2$ 与 $x^2+y^2\leqslant z^2$ 所确定.

5. 计算 $\iiint\limits_{\Omega}(x^2+y^2)\mathrm{d}V$, 其中 $\Omega$ 是由曲面 $4z^2=25(x^2+y^2)$ 与平面 $z=5$ 所围成的闭区域.

6. 计算 $\iiint\limits_{\Omega}(x+y)\sqrt{\cos(x^2+y^2+z^2)}\mathrm{d}V$, 其中 $\Omega$ 为 $x^2+y^2+z^2\leqslant 1$.

7. 求半径为 $a$ 的球面与半顶角为 $\alpha$ 的内接锥面所围成的立体的体积.

**(二)能力提升**

1. 计算 $\iiint\limits_{\Omega}(y^2+z^2)\mathrm{d}V$, 其中 $\Omega$ 是由 $xOy$ 平面上曲线 $y^2=2x$ 绕 $x$ 轴旋转而成的曲面与平面 $x=5$ 所围成的闭区域.

2. 设 $f(x)$ 连续,且 $f(0)=0$, $F(t)=\iiint\limits_{\Omega_t}[z^2+f(x^2+y^2)]\mathrm{d}V$, 其中 $\Omega_t:x^2+y^2\leqslant t^2,0\leqslant z\leqslant 1$, 求 $\lim\limits_{t\to 0^+}\dfrac{F(t)}{t^2}$.

## 答案

**(一)基础练习**

1. $\dfrac{1}{364}$.

2. $\dfrac{\pi}{4}h^2R^2$.

3. $\dfrac{16\pi}{3}$.

4. $\dfrac{7}{6}\pi a^4$.

5. $8\pi$.

6. 0.

7. $\dfrac{4\pi}{3}a^3(1-\cos^4\alpha)$.

基础练习
第 2 题讲解视频

**(二)能力提升**

1. $\dfrac{250}{3}\pi$.

2. $\dfrac{1}{3}\pi$.

能力提升
第 2 题讲解视频

# 第四节 重积分的应用

## 学习目标

1. 了解微元法在求解不均匀、连续可加量问题的应用.
2. 会类比求曲线的弧长,利用微元法求曲面面积,体会以直代曲、以平代曲的思想.

3. 掌握质点系的质心、转动惯量和引力，由特殊到一般，会利用微元法求平面薄片和空间物体的质心、转动惯量、对质点的引力.

资源 1

实例 1

实例 2

## 学习资料

### (一) 教材范围

《高等数学》同济大学 第八版 下册 第 161~171 页

### (二) 线上资源

**资源 1** 利用微元法求曲面面积

### (三) 相关实际或军事问题

**实例 1** 左玲. 浅谈重积分的应用[J]. 考试周刊，2018(30)：104.

**实例 2** 黄春妙，汪继秀. 二重积分在储油罐发生变位时的储油模型中的应用[J]. 科教导刊，2014(5)：226-227.

## 预习问题

1. 微元法的思想是什么？
2. 求曲面面积的思路是什么，如何求曲面的面积？
3. 如何求平面薄片和空间物体的质心、转动惯量、对质点的引力？

## 练习题

### (一) 基础练习

1. 求锥面 $z=\sqrt{x^2+y^2}$ 被柱面 $z^2=2x$ 所截部分的曲面面积.

2. 求由曲面 $y=x^2+z^2$ 被曲面 $y=\sqrt{x^2+z^2}$ 所截部分的曲面面积.

3. 求由曲面 $z^2=x^2+y^2$ 和平面 $z=1$ 所围成空间立体的形心.

4. 求由平面曲线 $y^2=\dfrac{9}{2}x$，$x=2$ 所围成的均匀薄片(面密度为常数 1)对坐标轴的转动惯量.

### (二) 能力提升

1. 设均匀物体密度为 $\rho$，占有闭区域 $\Omega=\{(x,y,z)\mid x^2+y^2\leqslant R^2, 0\leqslant z\leqslant h\}$，求它对于位于点 $M_0(0,0,a)(a>h)$ 处的单位质量的质点的引力.

2. 设均匀柱体密度为 $\rho$，占有闭区域 $\Omega$，由曲面 $z=x^2+y^2$，$z=0$，$|x|=a$，$|y|=a$ 所围成，求物体的体积、质心和关于 $z$ 轴的转动惯量.

## 答案

### (一) 基础练习

1. $A=\iint\limits_{D_{xy}}\sqrt{1+z_x^2+z_y^2}\,\mathrm{d}x\mathrm{d}y=\iint\limits_{D_{xy}}\sqrt{2}\,\mathrm{d}x\mathrm{d}y=\sqrt{2}\,\pi.$

2. $A=\iint\limits_{D_{xz}}\sqrt{1+y_x^2+y_z^2}\,\mathrm{d}z\mathrm{d}x=\iint\limits_{D_{xz}}\sqrt{1+4x^2+4z^2}\,\mathrm{d}z\mathrm{d}x=\frac{(5\sqrt{5}-1)}{6}\pi.$

3. $\bar{x}=\bar{y}=0,\bar{z}=\frac{\iiint\limits_{\Omega}z\mathrm{d}z}{V}=\frac{3}{4}.$

4. $I_x=\iint\limits_{D}y^2\mathrm{d}x\mathrm{d}y=\frac{72}{5},I_y=\iint\limits_{D}x^2\mathrm{d}x\mathrm{d}y=\frac{96}{7}.$

### (二)能力提升

1. 根据对称性和质量分布均匀性知，$F_x=F_y=0$，$F_z=\iiint\limits_{\Omega}\frac{G\rho(z-a)}{[x^2+y^2+(z-a)^2]^{\frac{3}{2}}}\mathrm{d}V=-2\pi G\rho[h+\sqrt{R^2+(h-a)^2}-\sqrt{R^2+a^2}].$

2. $V=\iint\limits_{D_{xy}}(x^2+y^2)\mathrm{d}x\mathrm{d}y=\frac{8}{3}a^4$，根据对称性知 $\bar{x}=\bar{y}=0$，$\bar{z}=\frac{\iiint\limits_{\Omega}\rho z\mathrm{d}z}{\iiint\limits_{\Omega}\rho\mathrm{d}z}=\frac{7}{15}a^2$，$I_z=\iiint\limits_{\Omega}\rho(x^2+y^2)\mathrm{d}V=\frac{112}{45}\rho a^6.$

# 本章小结

## 知识框架

- 重积分
  - 二重积分
    - 基本概念
      - 从曲顶柱体的体积问题抽象出定义、规定符号
      - 几何与物理意义、可积条件
    - 性质
      - 线性性质、对积分区域可加性质、被积函数为常数的特殊性、不等式性质、估值性质和中值定理
    - 计算
      - 思路：根据积分区域类型，化二重积分为二次积分
      - 直角坐标系下计算二重积分(对两种类型积分区域进行分割)
      - 更换积分次序
      - 利用极坐标系计算二重积分
      - 利用对称性计算二重积分(技巧)
    - 应用
      - 几何应用：平面图形的面积、立体体积、曲面面积；物理应用：平面薄板的质量、质心、转动惯量、引力
  - 三重积分
    - 基本概念
      - 从空间物体的质量问题抽象出定义、规定符号
      - 几何与物理意义、可积条件
    - 性质
      - 线性性质、对积分区域可加性质、被积函数为常数的特殊性、不等式性质、估值性质和中值定理
    - 计算
      - 思路：根据积分区域类型，化三重积分为三次积分
      - 直角坐标系下计算三重积分(先一后二和先二后一法)
      - 利用柱面坐标计算三重积分
      - 利用球面坐标计算三重积分
      - 利用对称性计算三重积分(技巧)
    - 应用
      - 几何应用：立体体积；物理应用：空间物体的质量、质心、转动惯量、引力

## 概念方法问题梳理

概念方法问题梳理

这一章为多元函数积分学的重积分部分,它是在定积分基础上通过类比建立概念形成的理论. 重难点为重积分的概念、计算以及积分量在工程技术、军事领域中的广泛应用.

**问题一** 简要概括所学的内容.

**问题二** 讨论曲顶柱体体积的目的是什么?

**问题三** 怎么理解重积分都是定积分概念的推广? 定积分、二重积分、三重积分它们的共同本质是什么? 什么条件下函数(二元、三元)在闭区域上可积? 它们的几何意义或物理意义是什么? 相类似的四条性质是什么?

**问题四** 梳理归纳出二重积分计算的思路、方法、技巧.

**问题五** 梳理归纳出三重积分计算的思路、方法、技巧.

**问题六** 将定积分、二重积分、三重积分对应的微元法统一起来,用简短的语言或符号表示.

**问题七** 利用定积分求平面图形的面积与用 $\iint\limits_{D} \mathrm{d}\sigma$ 求面积是不是相同的?

**问题八** 利用二重积分的几何意义求立体体积与用 $\iiint\limits_{\Omega} \mathrm{d}V$ 是不是相同的?

**问题九** 设 $f(x,y)$ 定义在闭区域 $D$ 上,$f$ 具有连续偏导,写出求 $f(x,y)$ 对应 $D$ 上的曲面块的面积公式.

**问题十** 写出密度函数(面密度)为 $\rho(x,y)$ 所占平面区域为 $D$ 的平面薄片、密度函数(体密度)为 $\rho(x,y,z)$ 所占空间区域为 $\Omega$ 的空间立体的质心公式、相对坐标轴的转动惯量公式,用微元法理解公式.

**问题十一** 写出平面薄片、密度为 $\rho(x,y)$ 对平面薄片外一点 $P_0(x_0,y_0)$ 处单位质量的质点的引力公式. 写出密度为 $\rho(x,y,z)$ 所占曲体为 $\Omega$ 对空间立体外一点 $P_0(x_0,y_0,z_0)$ 处单位质量的质点的引力公式,用微元法理解公式.

## 难点、疑点问题

**问题一** 计算二重积分、三重积分化为累次积分的准确问题,常出错的原因是什么?

**问题二** 计算二重积分、三重积分技巧运用问题. (举例说明.)

**问题三** 利用二重积分、三重积分计算物理量时建立相应微元的理解问题. (举例说明.)

# 本 章 练 习

本章练习讲解

1. 设 $D$ 为矩形区域:$0\leqslant x\leqslant 1,0\leqslant y\leqslant 2$,证明:$2\leqslant\iint\limits_{D}(x+y+1)\mathrm{d}\sigma\leqslant 8$.

2. 设 $D:x^2+y^2\leqslant r^2$,计算极限 $\lim\limits_{r\to 0^+}\dfrac{1}{\pi r^2}\iint\limits_{D}\mathrm{e}^{x^2-y^2}\cos(x+y)\mathrm{d}x\mathrm{d}y$.

3. 设 $D$ 是由直线 $x=0,y=1$ 及 $y=x$ 围成的区域,试计算:$I=\iint\limits_{D}x^2\mathrm{e}^{-y^2}\mathrm{d}\sigma$ 的值.

4. 设 $f(x,y)$ 连续,且 $f(x,y)=\mathrm{e}^{x^2+y^2}+xy\iint\limits_{D_1}xyf(x,y)\mathrm{d}x\mathrm{d}y,D_1:0\leqslant x\leqslant 1,0\leqslant y\leqslant 1$. 计算积分 $\iint\limits_{D_2}f(x,y)\mathrm{d}x\mathrm{d}y$, 其中 $D_2:x>0,y>0,x^2+y^2\leqslant 1$.

5. 计算 $\iint\limits_{D}\sqrt{\dfrac{1-x^2-y^2}{1+x^2+y^2}}\mathrm{d}\sigma$, 其中 $D$ 是由圆周 $x^2+y^2=1$ 及坐标轴所围成的在第一象限内的闭区域.

6. 求抛物面 $z=1+x^2+y^2$ 的一个切平面,使得它与该抛物面及圆柱面 $(x-1)^2+y^2=1$ 围成的体积最小.

7. 设在区间 $[a,b]$ 上 $f(x)$ 连续且恒大于 0,试用重积分证明

$$\int_a^b f(x)\mathrm{d}x\int_a^b\frac{\mathrm{d}x}{f(x)}\geqslant(b-a)^2$$

8. 计算三重积分 $I=\iiint\limits_{\Omega}(x^2+y^2)\mathrm{d}V$, 其中 $\Omega$ 是由两个球面 $x^2+y^2+z^2=2az,x^2+y^2+z^2=2bz$ $(a<b)$ 所围成的部分.

9. 计算 $I=\iiint\limits_{\Omega}(x-y)^2\mathrm{d}V$,其中 $\Omega:x^2+y^2+(z-a)^2\leqslant a^2,z\geqslant\sqrt{x^2+y^2}$.

10. 计算 $\iiint\limits_{\Omega}\dfrac{z\ln(x^2+y^2+z^2+1)}{x^2+y^2+z^2+1}\mathrm{d}V$, 其中 $\Omega$ 是由球面 $x^2+y^2+z^2=1$ 所围成的闭区域.

11. 设 $F(t)=\iiint\limits_{x^2+y^2+z^2\leqslant t^2}f(x^2+y^2+z^2)\mathrm{d}V$, 其中 $f(u)$ 为可微函数,求 $F'(t)$.

12. 求极限 $\lim\limits_{t\to 0^+}\dfrac{1}{t^6}\iiint\limits_{\Omega_t}\sin(x^2+y^2+z^2)^{\frac{3}{2}}\mathrm{d}x\mathrm{d}y\mathrm{d}z$,其中 $\Omega_t=\{(x,y,z)\mid x^2+y^2+z^2\leqslant t^2\}$.

13. 求由锥面 $z=\sqrt{x^2+y^2}$ 及旋转抛物面 $z=x^2+y^2$ 所围成的立体的体积.

14. 求平面 $\dfrac{x}{a}+\dfrac{y}{b}+\dfrac{z}{c}=1$ 被三坐标平面所割出的有限部分的面积.

# 本章自测

## 一、填空题

1. 积分 $\int_0^2 \mathrm{d}x\int_x^2 \mathrm{e}^{-y^2}\mathrm{d}y$ 的值是________.

2. 交换积分次序 $\int_0^2 \mathrm{d}y\int_{y^2}^{2y} f(x,y)\,\mathrm{d}x=$________.

3. 积分 $\int_0^2 \mathrm{d}x\int_0^x f(\sqrt{x^2+y^2})\,\mathrm{d}y$ 化为极坐标系下的二次积分为________.

4. $\iint\limits_D \mathrm{d}\sigma$ 在几何上可表示为________,在物理上可表示为________.

5. $\iiint\limits_\Omega \mathrm{d}v$ 在几何上可表示为________,在物理上可表示为________.

6. $\iint\limits_{x^2+y^2\leqslant R^2} \sqrt{R^2-x^2-y^2}\,\mathrm{d}\sigma=$________.

7. 由 $x^2+y^2+z^2=2$ 与 $x^2+y^2=z$ 所围的立体体积,用二重积分表示为 $V=$________,其中 $D$ 为________.

8. 曲面 $\Sigma$:$z=2x^2+3y^2$,$D$ 是 $\Sigma$ 在 $xOy$ 面上的投影,并为有限闭区域,则对应 $D$ 的 $\Sigma$ 上的曲面块的面积 $S$ 可用二重积分表示为________.

9. 设 $D=\{(x,y)\mid x^2+y^2\leqslant 1\}$,则 $\iint\limits_D (x^2-y)\,\mathrm{d}\sigma=$________.

10. 设闭区域 $D=\{(x,y)\mid x^2+y^2\leqslant R^2\}$,则 $\iint\limits_D \left(\frac{x^2}{a^2}+\frac{y^2}{b^2}\right)\mathrm{d}x\mathrm{d}y=$________.

## 二、计算题

1. 计算 $\iint\limits_D xy\,\mathrm{d}\sigma$,其中 $D$ 是由抛物线 $y^2=x$ 及直线 $y=x-2$ 所围成的闭区域.

2. 计算 $\iint\limits_D \mathrm{e}^{-x^2-y^2}\mathrm{d}x\mathrm{d}y$,其中 $D=\{(x,y)\mid x^2+y^2\leqslant a^2,y\geqslant 0\}$.

3. 计算 $\iint\limits_D \arctan\frac{y}{x}\mathrm{d}x\mathrm{d}y$,其中 $D$ 为 $x^2+y^2=4$ 和 $x^2+y^2=1$ 及直线 $y=0$,$y=x$ 所围成的在第一象限的区域.

4. 计算 $\iiint\limits_\Omega z\,\mathrm{d}V$,其中 $\Omega$ 是由曲面 $z=\sqrt{2-x^2-y^2}$ 及 $z=x^2+y^2$ 所围成的闭区域.

5. 计算 $\iiint\limits_\Omega (x^2+y^2)\,\mathrm{d}V$,其中 $\Omega$ 是由曲线 $\begin{cases}y^2=2z\\x=0\end{cases}$ 绕 $z$ 轴旋转一周所得曲面及平面 $z=2$ 所围成的闭区域.

6. 计算 $\iiint\limits_{\Omega} xyz\mathrm{d}V$, 其中 $\Omega$ 为球体 $x^2+y^2+z^2\leqslant 1$ 在第一卦限部分.

7. 设 $\Omega$ 为两个球 $x^2+y^2+z^2\leqslant R^2$ 与 $x^2+y^2+z^2\leqslant 2Rz(R>0)$ 的公共部分,计算 $\iiint\limits_{\Omega} z^2\mathrm{d}V$.

8. 求球面 $x^2+y^2+z^2=a^2$ 含在圆柱面 $x^2+y^2=ax$ 内部部分的面积.

9. 求由曲面 $z=\sqrt{x^2+y^2}$ 及 $z=6-x^2-y^2$ 所围成的立体的体积.

10. 设平面薄片所占闭区域 $D$ 由抛物线 $y=x^2$ 及直线 $y=x$ 所围成,它在点 $(x,y)$ 处的面密度 $\mu(x,y)=x^2y$,求该薄片的质心.

11. 计算 $\iint\limits_{D}\min\{xy,1\}\mathrm{d}x\mathrm{d}y$, 其中 $D=\{(x,y)\mid 0\leqslant x\leqslant 2,0\leqslant y\leqslant 2\}$.

**三、证明题**

1. 设 $f(y)$ 为连续函数,证明 $\int_a^b\mathrm{d}x\int_a^x f(y)\mathrm{d}y=\int_a^b f(y)(b-y)\mathrm{d}y$.

2. 设 $f(x)$ 为 $[0,1]$ 上的正值连续函数,证明: $\iint\limits_{D}\left[f(x)+\dfrac{1}{f(y)}\right]\mathrm{d}x\mathrm{d}y\geqslant 2$, 其中 $D$:$0\leqslant x\leqslant 1,0\leqslant y\leqslant 1$.

3. 设区域 $D$ 为 $x^2+y^2\leqslant r^2$,$f(x,y)$ 在 $D$ 上连续,证明 $\lim\limits_{r\to 0}\dfrac{\iint\limits_{D}f(x,y)\mathrm{d}x\mathrm{d}y}{\pi r^2}=f(0,0)$.

## 答案

**一、填空题**

1. $\dfrac{1}{2}(1-\mathrm{e}^{-4})$.

2. $\int_0^4\mathrm{d}x\int_{\frac{x}{2}}^{\sqrt{x}}f(x,y)\mathrm{d}y$.

3. $\int_0^{\frac{\pi}{4}}\mathrm{d}\theta\int_0^{\frac{2}{\cos\theta}}\rho f(\rho)\mathrm{d}\rho$.

4. $\sigma$($D$ 的面积),面密度为 1 的 $D$ 的质量.

5. $V$(空间闭区域 $\Omega$ 的体积),体密度为 1 的 $\Omega$ 的质量.

6. $\dfrac{2}{3}\pi R^3$.

7. $\iint\limits_{D}\sqrt{2-x^2-y^2}-x^2-y^2\mathrm{d}x\mathrm{d}y, D=\{(x,y)\mid x^2+y^2\leqslant 1\}$.

8. $\iint\limits_{D}\sqrt{1+16x^2+36y^2}\,\mathrm{d}x\mathrm{d}y$.

9. $\dfrac{\pi}{4}$.

10. $\frac{\pi}{4}R^4\left(\frac{1}{a^2}+\frac{1}{b^2}\right)$.

## 二、计算题

1. $\frac{45}{8}$.

2. $\frac{\pi}{2}(1-e^{-a^2})$.

3. $\frac{3\pi^2}{64}$.

4. $\frac{7\pi}{12}$.

5. $\frac{16\pi}{3}$.

6. $\frac{1}{48}$.

7. $\frac{59}{480}\pi R^5$.

8. $2a^2(\pi-2)$.

9. $\frac{32}{3}\pi$.

10. $\bar{x}=\frac{35}{48},\bar{y}=\frac{35}{54}$.

11. $\frac{13}{4}-\ln 2$.

## 三、证明题

1. 提示:交换积分次序.
2. 提示:方法一轮换对称性;方法二积分的不等式性质.
3. 提示:方法一积分中值定理;方法二极坐标.

# 第十一章　曲线积分与曲面积分

## 第一节　对弧长的曲线积分

### 学习目标

1. 了解对弧长的曲线积分的实际背景;能和定积分、二重积分、三重积分进行类比分析.

2. 理解对弧长的曲线积分的定义及其性质.

3. 掌握对弧长的曲线积分计算的基本思路,并会计算不同曲线方程形式下的对弧长的曲线积分.

### 学习资料

**(一)教材范围**

《高等数学》同济大学 第八版 下册 第 180~186 页

**(二)线上资源**

**资源 1**　对弧长的曲线积分的对称性

资源 1

**(三)相关实际或军事问题**

**实例 1**　求某一密度不均匀曲线形构件的质量.

**实例 2**　求柱面侧面积,如一个柱面 $x^2+y^2=ax$ 被球面 $x^2+y^2+z^2=a^2$ 截下有限部分的面积.

### 预习问题

1. 不均匀曲线形构件的质量如何用积分表示?

2. 对弧长的曲线积分的线性性、对积分弧段的可加性是什么,二者对计算积分有什么帮助?

3. 求可求弧长的曲线弧的弧长的方法是什么?

4. 如果曲线方程分别由参数式 $\begin{cases} x=\varphi(t) \\ y=\psi(t) \end{cases}$ $(\alpha\leqslant t\leqslant\beta)$,显式 $y=\varphi(x)$ $(a\leqslant x\leqslant b)$、$x=\psi(y)$ $(c\leqslant y\leqslant d)$ 或极坐标 $\rho=\rho(\theta)$ 给出,如何计算对弧长的曲线积分?

5. 对弧长的曲线积分(平面曲线)的奇偶对称是怎样的?

## 练习题

### (一)基础练习

1. 用曲线积分表示摆线$\begin{cases}x=a(\theta-\sin\theta)\\y=a(1-\cos\theta)\end{cases}$$(0\leqslant\theta\leqslant2\pi)$的弧长,并转化为定积分.

2. 设$L$是圆周$x^2+y^2=1$在第一象限内的部分,计算$\int_L(3x+2y)\mathrm{d}s$;如果$L$是整个圆周$x^2+y^2=1$,那么$\int_L(3x+2y)\mathrm{d}s$是多少?

3. 计算下列对弧长的曲线积分.

(1)$\int_L x\mathrm{d}s$,其中$L$是由直线$y=x$与抛物线$y=x^2$所围成的区域的整个边界;

(2)$\int_\Gamma x^2yz\mathrm{d}s$,其中$\Gamma$为折线$ABCD$,这里$A$、$B$、$C$、$D$依次为$(0,0,0)$、$(0,0,2)$、$(1,0,2)$、$(1,3,2)$.

### (二)能力提升

1. 计算$\int_\Gamma(x^2+y^2+z^2)\mathrm{d}s$,其中$\Gamma$是球面$x^2+y^2+z^2=a^2$与平面$x+y+z=0$的交线.

2. 设螺旋线$x=\cos t,y=\sin t,z=t,0\leqslant t\leqslant\dfrac{\pi}{2}$的密度与$x,y$无关而与$z$成正比,求这一段线的质量和质心.

3. 计算曲线积分$\oint_L\sqrt{x^2+y^2}\mathrm{d}s$,其中$L$是圆周$x^2+y^2=ax$.

## 答案

能力提升
第1题讲解视频

能力提升
第3题讲解视频

### (一)基础练习

1. $s=\int_L\mathrm{d}s$;$s=\int_L\mathrm{d}s=\sqrt{2}a\int_0^{2\pi}\sqrt{1-\cos\theta}\,\mathrm{d}\theta$.

2. 5;0.

3. (1)$\dfrac{1}{12}(5\sqrt{5}+6\sqrt{2}-1)$;(2)9.

### (二)能力提升

1. $2\pi a^3$.

2. $m=\dfrac{\sqrt{2}k}{8}\pi^2$,$\bar{x}=\dfrac{8}{\pi^2}\left(\dfrac{\pi}{2}-1\right)$,$\bar{y}=\dfrac{8}{\pi^2}$,$\bar{z}=\dfrac{\pi}{3}$.

3. $2a^2$.

# 第二节　对坐标的曲线积分

## 学习目标

1. 会将变力沿直线做功推广到变力沿曲线做功,领悟从特殊到一般的思想.
2. 理解对坐标的曲线积分的定义及性质;知道对坐标的曲线积分的两种表示形式.
3. 掌握对坐标的曲线积分的计算方法;会计算不同曲线方程形式下的曲线积分.
4. 掌握两类曲线积分之间的联系,并会转化.

## 学习资料

### (一)教材范围

《高等数学》同济大学 第八版 下册 第 186~196 页

### (二)线上资源

**资源 1**　齐小军. 关于对坐标的曲线积分若干问题研究[J]. 华东纸业, 2022,52(2):110-113

**资源 2**　对坐标的曲线积分的计算思路方法

资源 1

资源 2

### (三)相关实际或军事问题

**实例 1**　场力做功问题,一粒子沿着光滑曲线 $C:y=f(t)$ 从 $(a,f(a))$ 移动到 $(b,f(b))$,移动粒子的力的大小为常数 $k$,而且总指向从原点向外的方向,求力所做的功.

**实例 2**　磁场做功问题:电流 $I$ 通过直导线,$l$ 为垂直于导线的平面上包围着导线的任一闭曲线,试证:单位磁荷沿着 $l$ 运动一周,磁场所做的功为一常数.

## 预习问题

1. 如何刻画变力沿直线做功? 如何利用曲线积分表示变力沿曲线做功?
2. 对坐标的曲线积分的性质有哪些? 分别对曲线积分的计算有什么帮助?
3. 如果曲线方程分别由参数式 $\begin{cases} x=\varphi(t) \\ y=\psi(t) \end{cases}$ $(\alpha\leqslant t\leqslant\beta)$,显式 $y=\varphi(x)$ $(a\leqslant x\leqslant b)$、$x=\psi(y)$ $(c\leqslant y\leqslant d)$ 给出,如何计算对坐标的曲线积分?
4. 两类曲线积分之间的联系是什么,在计算中怎样应用?

## 练习题

### (一)基础练习

1. 计算 $\int_L (x^2-y^2)\,dx$, 其中 $L$ 是抛物线上 $y=x^2$ 从点$(0,0)$到点$(2,4)$的一段弧.

2. 计算 $\int_\Gamma x\,dx+y\,dy+(x+y-1)\,dz$, 其中 $\Gamma$ 是从点$(1,1,1)$到点$(2,3,4)$的一段

直线段.

3. 计算 $\int_L y^2 dx + 2xdy$，其中 $L: x^2+y^2=2x$，方向取逆时针方向.

(二) 能力提升

1. 计算 $\int_L (x+y)dx+(y-x)dy$，其中 $L$ 是先沿直线从点(1,1)到点(1,2)，然后再沿直线到点(4,2)的折线.

2. 设 $\Gamma$ 为曲线 $x=t, y=t^2, z=t^3$ 上相应于 $t$ 从 0 变到 1 的曲线弧，把对坐标的曲线积分 $\int_\Gamma Pdx+Qdy+Rdz$ 转化为对弧长的曲线积分.

## 答案

(一) 基础练习

1. $-\dfrac{56}{15}$.

2. 13.

3. $2\pi$.

(二) 能力提升

1. 14.

2. $\int_\Gamma Pdx+Qdy+Rdz=\int_\Gamma \dfrac{P+2xQ+3yR}{\sqrt{1+4x^2+9y^2}}ds$.

# 第三节　格林公式

## 学习目标

1. 会判别单连通区域、复连通区域、边界曲线的方向.
2. 掌握格林公式的使用条件，会利用格林公式计算曲线积分.
3. 会利用格林公式计算平面闭区域的面积.
4. 掌握曲线积分与路径无关的条件，了解曲线积分与路径无关的物理意义.
5. 会对二元函数的全微分求积；会判断全微分方程，了解其求解方法.

## 学习资料

(一) 教材范围

《高等数学》同济大学 第八版 下册 第 196~209 页

(二) 线上资源

**资源 1**　卢锷. 从微积分基本定理到格林公式[J]. 辽宁师范大学学报(自然科学版)，

1989(1):69-71

**资源 2** 王光哲. 从两种物理解释看格林公式的由来[J]. 数学学习,1994(1):36-37

**资源 3** 平面上曲线积分与路径无关

资源 1　　资源 2　　资源 3

**(三)相关实际或军事问题**

**实例 1** 某湖面面积的测算.

**实例 2** 平面作战目标区域面积的测算.

**实例 3** 陈智江,毕义明. 多枚导弹打击复杂形状面目标毁伤面积解析算法[J]. 火力与指挥控制,2008(10):130-134.

**实例 4** 刘雄伟,汪雄良. 格林公式与 GPS 面积测量仪[J]. 高等数学研究,2015,18(1):109-111.

实例 3

实例 4

## 预习问题

1. 什么是单连通区域,什么是复连通区域,它们的特点是什么?

2. 边界曲线的正向是如何确定的?

3. 牛顿-莱布尼茨公式是什么? 格林公式表示了什么积分之间的关系?

4. 格林公式使用的条件是什么?

5. 如果积分曲线不是封闭的,能否使用格林公式计算积分,如何计算?

6. 如果边界曲线的方向不是正方向,如何使用格林公式计算积分?

7. 当函数 $P(x,y)$、$Q(x,y)$ 在区域 $D$ 上某点处不具有一阶连续偏导数时,如何使用格林公式计算?

8. 计算平面区域面积的方法有哪些?

9. 什么是曲线积分与路径无关? 平面上曲线积分与路径无关的等价命题有哪些?

10. 如何判断平面上曲线积分与路径无关? 当曲线积分与路径无关时,应选择怎样的路径计算积分?

11. 如何对二元函数的全微分求积?

## 练习题

### (一)基础练习

1. 计算 $\int_L (2xy^3-y^2\cos x)\mathrm{d}x+(1-2y\sin x+3x^2y^2)\mathrm{d}y$, 其中 $L$ 为在抛物线 $2x=\pi y^2$ 上由点 $(0,0)$ 到 $\left(\frac{\pi}{2},1\right)$ 的一段弧.

2. 计算 $\int_L (x^2-y)\mathrm{d}x-(x+\sin^2 y)\mathrm{d}y$, 其中 $L$ 是在圆周 $y=\sqrt{2x-x^2}$ 上由点 $(0,0)$ 到 $(1,1)$ 的一段弧.

3. 计算 $\oint_L \frac{x\mathrm{d}y-y\mathrm{d}x}{x^2+y^2}$, 其中 $L$ 为一条无重点、分段光滑且不经过原点的连续闭曲线, $L$ 的方向为逆时针方向.

4. 验证 $(3x^2y+8xy^2)\mathrm{d}x+(x^3+8x^2y+12ye^y)\mathrm{d}y$ 在整个 $xOy$ 面内是某一函数 $u(x,y)$ 的全微分,并求这样的一个 $u(x,y)$.

5. 利用格林公式计算椭圆 $9x^2+16y^2=144$ 所围图形的面积.

### (二)能力提升

1. 计算曲线积分 $\oint_L \frac{y\mathrm{d}x-x\mathrm{d}y}{2(x^2+y^2)}$, 其中 $L$ 为圆周 $(x-1)^2+y^2=2$, $L$ 的方向为逆时针方向.

2. 设函数 $f(x)$ 在 $(-\infty,+\infty)$ 上具有一阶连续导数, $L$ 是上半平面 $(y>0)$ 内的有向分段光滑曲线,其起点为 $(a,b)$,终点为 $(c,d)$. 记

$$I=\int_L \frac{1}{y}[1+y^2f(xy)]\mathrm{d}x+\frac{x}{y^2}[y^2f(xy)-1]\mathrm{d}y$$

(1)证明:曲线积分 $I$ 与路径无关; (2)当 $ab=cd$ 时,求 $I$ 的值.

3. 设 $L$ 是曲线 $x^2+y^2=R^2$($R$ 为常数),沿逆时针方向, $n$ 为点 $C$ 处外法线向量, $P(x,y)$、$Q(x,y)$ 具有二阶连续偏导数,且 $\frac{\partial^2 u}{\partial x^2}+\frac{\partial^2 u}{\partial y^2}=x^2+y^2$,求 $\oint_L \frac{\partial u}{\partial n}\mathrm{d}s$.

## 答案

### (一)基础练习

1. $\frac{\pi^2}{4}$.

2. $-\frac{7}{6}+\frac{1}{4}\sin 2$.

3. $2\pi$.

4. $-\cos 2x\sin 3y$.

5. $12\pi$.

(二) 能力提升

1. $-\pi$.

2. (1) 证明：略；(2) $I=\frac{c}{d}-\frac{a}{b}$.

3. $\frac{\pi}{2}R^4$.

能力提升
第 2 题讲解视频

能力提升
第 3 题讲解视频

# 第四节　对面积的曲面积分

## 学习目标

1. 了解讨论对面积的曲面积分产生的背景；理解对面积的曲面积分的概念与性质.
2. 掌握对面积的曲面积分的计算方法；会利用对称性简化计算.
3. 会利用对面积的曲面积分求几何量和物理量(曲面的面积、质量、质心、转动惯量).

## 学习资料

### (一) 教材范围

《高等数学》同济大学 第八版 下册 第 209~213 页

### (二) 线上资源

**资源 1**　张辉，李应歧，赵伟舟，等. 第一类曲面积分的计算方法[J]. 高等教育研究，2014，17(2)：44-46

**资源 2**　对面积的曲面积分的计算方法

资源 1

资源 2

### (三) 相关实际或军事问题

**实例 1**　设计曲面构件时，为合理使用材料，根据各部分受力情况，将构件各点处厚薄不同看成该构件的面密度(单位面积的质量)不同，设该曲面形构件可用方程 $z=f(x,y)$，$(x,y)\in D$ 表示，面密度为 $\rho(x,y,z)$，求该构件的质量.

**实例 2**　杂技演员头顶密度不均匀的曲面构件时需要找到构件的重心，在均匀的重力场下重心即为质心. 设该曲面形构件可用方程 $z=f(x,y)$，$(x,y)\in D$ 表示，面密度为 $\rho(x,y,z)$，利用对面积的曲面积分表示该构件的重心.

## 预习问题

1. 如何利用对面积的曲面积分表示区域为$\Sigma$,面密度为$\rho(x,y,z)$的曲面形构件的质量?

2. 如何利用对面积的曲面积分求曲面的面积?求曲面面积的方法有哪些?

3. 对面积的曲面积分的性质有哪些?其中线性性、对积分曲面的可加性在计算上提供了什么帮助?

4. 对面积的曲面积分的计算思路是什么?具体方法是什么,即如何计算$\iint\limits_{\Sigma} f(x,y,z)\,\mathrm{d}S$?

5. 利用对称性可简化对面积的曲面积分的计算,若$\Sigma$关于$xOy$面对称,被积函数是关于$z$的奇函数或偶函数,积分有什么特点?同理,其他奇偶对称有什么结论?

## 练习题

### (一)基础练习

1. $\iint\limits_{\Sigma} f(x,y,z)\,\mathrm{d}S$,$\int_{\Gamma} f(x,y,z)\,\mathrm{d}s$,$\iint\limits_{D} f(x,y)\,\mathrm{d}\sigma$,$\iiint\limits_{\Omega} f(x,y,z)\,\mathrm{d}V$分别表示的是什么积分,如果被积函数大于0,其物理意义是什么?

2. (1)已知$\Sigma$:$x^2+y^2+z^2=1$,求$\iint\limits_{\Sigma}\mathrm{d}S$和$\iint\limits_{\Sigma}(x^2+y^2+z^2)\,\mathrm{d}S$;

(2)已知$\Omega$:$x^2+y^2+z^2\leqslant 1$,求$\iiint\limits_{\Omega}(x^2+y^2+z^2)\,\mathrm{d}V$.

3. 计算曲面积分$\iint\limits_{\Sigma}\frac{1}{z}\mathrm{d}S$,其中$\Sigma$为球面$x^2+y^2+z^2=a^2$被平面$z=h(0<h<a)$所截出的顶部.

4. 计算曲面积分$\iint\limits_{\Sigma} xyz\,\mathrm{d}S$,其中$\Sigma$为由平面$x+y+z=1$与坐标面所围成的四面体的表面.

### (二)能力提升

1. 计算曲面积分$\iint\limits_{\Sigma}(xy+yz+zx)\,\mathrm{d}S$,其中$\Sigma$为锥面$z=\sqrt{x^2+y^2}$被柱面$x^2+y^2=2ax$所截得的有限部分.

2. 设均匀球壳为$\Sigma$:$x^2+y^2+z^2=a^2(z\geqslant 0)$,密度为$\rho$,求球壳的质量、质心和关于$z$轴的转动惯量.

## 答案

### (一)基础练习

1. 对面积的曲面积分,对弧长的曲线积分,二重积分,三重积分;面密度为$f(x,y,z)$曲面$\Sigma$的质量,线密度为$f(x,y,z)$空间曲线$\Gamma$的质量,面密度为$f(x,y)$平面薄板$D$的质量,密度

为 $f(x,y,z)$ 空间物体 $\Omega$ 的质量.

2. (1) $4\pi,4\pi$；(2) $\dfrac{4\pi}{5}$.

3. $2\pi a\ln\dfrac{a}{h}$.

4. $\iint\limits_{\Sigma}xyz\mathrm{d}S=\left(\iint\limits_{\Sigma_1:x+y+z=1}+\iint\limits_{\Sigma_2:x=0}+\iint\limits_{\Sigma_3:y=0}+\iint\limits_{\Sigma_4:z=0}\right)xyz\mathrm{d}S=\iint\limits_{\Sigma_1:x+y+z=1}xyz\mathrm{d}S=\dfrac{\sqrt{3}}{120}$.

**(二)能力提升**

1. 根据奇偶对称性知 $\iint\limits_{\Sigma}xy\mathrm{d}S=\iint\limits_{\Sigma}yz\mathrm{d}S=0$，$\iint\limits_{\Sigma}(xy+yz+zx)\mathrm{d}S=\iint\limits_{\Sigma}zx\mathrm{d}S=\dfrac{64}{15}\sqrt{2}a^4$.

2. $m=\iint\limits_{\Sigma}\rho\mathrm{d}S=2\pi a^2\rho$，根据对称性知 $\bar{x}=\bar{y}=0$，$\bar{z}=\dfrac{\iint\limits_{\Sigma}\rho z\mathrm{d}S}{\iint\limits_{\Sigma}\rho\mathrm{d}S}=\dfrac{a}{2}$，$I_z=\iint\limits_{\Sigma}\rho(x^2+y^2)\mathrm{d}S=\dfrac{4}{3}\rho\pi a^4$.

# 第五节　对坐标的曲面积分

## 学习目标

1. 知道对坐标的曲面积分的实际背景；了解物理中液体流向曲面一侧的含义；领悟从一般到特殊再到一般的思想.

2. 理解曲面的侧的含义；理解有向曲面在坐标面的投影；理解对坐标的曲面积分的定义及其性质.

3. 知道计算对坐标的曲面积分的基本思路，并会计算对坐标的曲面积分.

4. 掌握两类曲面积分之间的关系，并会互相转化两类曲面积分.

5. 会将对坐标 $y,z$、对坐标 $z,x$ 和对坐标 $x,y$ 的曲面积分互相转化.

## 学习资料

**(一)教材范围**

《高等数学》 同济大学 第八版 下册 第 213~222 页

**(二)线上资源**

**资源 1**　两类曲面积分之间的关系对计算对坐标的曲面积分的帮助

**资源 1**

**(三)相关实际或军事问题**

**实例1** 设有稳定流动的不可压缩流体流向曲面某侧,求流向该曲面指定侧的流量.

**实例2** 设一上半球面的磁场强度为 $E(x,y,z)$,讨论从球内通过球面的磁通量.

## 预习问题

1. 稳定流动的不可压缩流体以速度 $\boldsymbol{v}(x,y,z)=P(x,y,z)\boldsymbol{i}+Q(x,y,z)\boldsymbol{j}+R(x,y,z)\boldsymbol{k}$ 流向曲面 $\Sigma$ 某侧的流量如何用积分表示?

2. 对坐标的曲面积分的线性性、对积分曲面的可加性是什么,对计算积分有什么帮助?函数在有向曲面相反侧的曲面积分与原曲面积分有什么关系?

3. 如何计算对坐标的曲面积分 $\iint\limits_{\Sigma}R(x,y,z)\mathrm{d}x\mathrm{d}y$? 其中"一代""二投""三定号"分别指的什么意思?为什么上侧定正号,下侧定负号?

4. 如何计算对坐标的曲面积分 $\iint\limits_{\Sigma}P(x,y,z)\mathrm{d}y\mathrm{d}z$、$\iint\limits_{\Sigma}Q(x,y,z)\mathrm{d}z\mathrm{d}x$、$\iint\limits_{\Sigma}R(x,y,z)\mathrm{d}x\mathrm{d}y$ 和 $\iint\limits_{\Sigma}P(x,y,z)\mathrm{d}y\mathrm{d}z+Q(x,y,z)\mathrm{d}z\mathrm{d}x+R(x,y,z)\mathrm{d}x\mathrm{d}y$?

5. 两类曲面积分之间的联系是什么,其对计算对坐标的曲面积分有什么帮助?如何将 $\iint\limits_{\Sigma}P(x,y,z)\mathrm{d}y\mathrm{d}z+Q(x,y,z)\mathrm{d}z\mathrm{d}x+R(x,y,z)\mathrm{d}x\mathrm{d}y$ 转化,转化后积分 $\iint\limits_{\Sigma}?\ \mathrm{d}x\mathrm{d}y$ 中的被积函数是什么?

## 练习题

**(一)基础练习**

1. 计算 $\iint\limits_{\Sigma}z\mathrm{d}x\mathrm{d}y$,其中 $\Sigma$ 为锥面 $z=\sqrt{x^2+y^2}\ (0\leqslant z\leqslant 1)$ 的下侧;$\Sigma$ 为锥面 $z=\sqrt{x^2+y^2}$ 与平面 $z=1$ 所围曲面的内侧.

2. 抛物面 $\Sigma: z=8-(x^2+y^2)$ 在 $xOy$ 面上方部分的上侧的法向量是什么?将 $\iint\limits_{\Sigma}P(x,y,z)\mathrm{d}y\mathrm{d}z+Q(x,y,z)\mathrm{d}z\mathrm{d}x+R(x,y,z)\mathrm{d}x\mathrm{d}y$ 转化为对面积的曲面积分,并最后转化为对 $x,y$ 的曲面积分.

3. 计算 $\oiint\limits_{\Sigma}xy\mathrm{d}y\mathrm{d}z+yz\mathrm{d}z\mathrm{d}x+xz\mathrm{d}x\mathrm{d}y$,其中 $\Sigma$ 为3个坐标平面与平面 $x+y+z=1$ 所围成的四面体表面的外侧.

**(二)能力提升**

1. 设 $\Sigma$ 是柱面 $x^2+y^2=a^2$ 介于平面 $z=0$ 和 $z=h(h>0)$ 之间的部分,有人说,由于 $\Sigma$ 在 $xOy$ 面上的投影是圆周,其面积是零,因此积分 $I_1=\iint\limits_{\Sigma}f(x,y,z)\mathrm{d}S$ 和 $I_2=\iint\limits_{\Sigma}R(x,y,z)\mathrm{d}x\mathrm{d}y$($\Sigma$ 取外侧)均为零,对吗?

2. 请用多种方法计算曲面积分 $\iint\limits_{\Sigma}(2x+z)\mathrm{d}y\mathrm{d}z+z\mathrm{d}x\mathrm{d}y$，其中 $\Sigma$ 为有向曲面 $z=x^2+y^2$ $(0\leqslant z\leqslant 1)$ 的上侧.

## 答案

### (一) 基础练习

1. $\iint\limits_{\Sigma} z\mathrm{d}x\mathrm{d}y=-\iint\limits_{D_{xy}}\sqrt{x^2+y^2}\,\mathrm{d}x\mathrm{d}y=-\frac{2}{3}\pi$；

$\oiint\limits_{\Sigma} z\mathrm{d}x\mathrm{d}y=\iint\limits_{\Sigma_1} z\mathrm{d}x\mathrm{d}y+\iint\limits_{\Sigma_2} z\mathrm{d}x\mathrm{d}y=\iint\limits_{D_{xy}}\sqrt{x^2+y^2}\,\mathrm{d}x\mathrm{d}y-\iint\limits_{D_{xy}}\mathrm{d}x\mathrm{d}y=-\frac{1}{3}\pi$.

2. $\boldsymbol{n}=(2x,2y,1)$；

$\iint\limits_{\Sigma}\left[P(x,y,z)\frac{2x}{\sqrt{1+4x^2+4y^2}}+Q(x,y,z)\frac{2y}{\sqrt{1+4x^2+4y^2}}+R(x,y,z)\frac{1}{\sqrt{1+4x^2+4y^2}}\right]\mathrm{d}S$；

$\iint\limits_{\Sigma}[P(x,y,z)\cdot 2x+Q(x,y,z)\cdot 2y+R(x,y,z)]\mathrm{d}x\mathrm{d}y$.

3. $\frac{1}{8}$.

### (二) 能力提升

1. 不对，根据对坐标的曲面积分的计算方法，$I_2$ 为零，但 $I_1$ 必为零不对，这里涉及两类曲面积分的计算方法中的一个重要区别. 对第一类曲面积分而言，是根据积分曲面方程的形式来确定将 $\Sigma$ 向哪个坐标面投影的；而对第二类曲面积分而言，是根据所给积分的形式来确定将积分曲面向哪个坐标面投影的.

能力提升
第 1 题讲解视频

2. $-\frac{\pi}{2}$.

# 第六节　高斯公式

## 学习目标

1. 了解高斯公式的物理解释;掌握高斯公式.
2. 会利用高斯公式计算对坐标的曲面积分.

## 学习资料

资源 1

资源 2

### (一)教材范围

《高等数学》同济大学 第八版 下册 第 223~230 页

### (二)线上资源

**资源 1**　刘莹. 从高斯公式到格林公式和牛顿-莱布尼茨公式[J]. 高等数学研究,2020,23(2):44-46

**资源 2**　高斯公式及其补面法

### (三)相关实际或军事问题

**实例 1**　石墨炸弹爆炸问题中的质量守恒问题.

**实例 2**　利用高斯公式推证阿基米德原理:浸没在液体中的物体所受液体的压力的合力(即浮力)的方向铅直向上,大小等于该物体排开的液体所受的重力.

## 预习问题

1. 高斯公式的条件和结论是什么? 高斯公式建立了哪两种积分之间的联系?
2. 若积分曲面不是封闭曲面,如何使用高斯公式?
3. 总结计算对坐标的曲面积分的方法.

## 练习题

### (一)基础练习

1. 计算 $\oiint\limits_{\Sigma} x^2\mathrm{d}y\mathrm{d}z + y^2\mathrm{d}z\mathrm{d}x + z^2\mathrm{d}x\mathrm{d}y$, 其中 $\Sigma$ 为平面 $x=0,y=0,z=0,x=a,y=a,z=a$ 所围成的立体表面的外侧.

2. 计算 $\oiint\limits_{\Sigma} x\mathrm{d}y\mathrm{d}z + y\mathrm{d}z\mathrm{d}x + z\mathrm{d}x\mathrm{d}y$, 其中 $\Sigma$ 为介于 $z=0$ 和 $z=2$ 之间的圆柱体 $x^2+y^2\leqslant 9$ 的整个表面的外侧.

**(二)能力提升**

1. 计算 $\iint\limits_{\Sigma}(y^2-z)\mathrm{d}y\mathrm{d}z+(z^2-x)\mathrm{d}z\mathrm{d}x+(x^2-y)\mathrm{d}x\mathrm{d}y$，其中 $\Sigma$ 为锥面 $z=\sqrt{x^2+y^2}$ $(0\leqslant z\leqslant h)$ 的外侧.

2. 计算 $\iint\limits_{\Sigma}xyz\mathrm{d}x\mathrm{d}y$，其中 $\Sigma$ 为球面 $x^2+y^2+z^2=1(x\geqslant 0,y\geqslant 0)(0\leqslant z\leqslant h)$ 的外侧.(用两种方法计算.)

3. 计算 $\oiint\limits_{\Sigma}\dfrac{z\mathrm{d}y\mathrm{d}z+x\mathrm{d}z\mathrm{d}x+y\mathrm{d}x\mathrm{d}y}{(x^2+y^2+z^2)^{\frac{3}{2}}}$，其中 $\Sigma$ 为椭球面 $2x^2+2y^2+z^2=4$ 的整个表面的外侧.

## 答案

**(一)基础练习**

1. $3a^4$.

2. $81\pi$.

**(二)能力提升**

1. $-\dfrac{\pi}{4}h^4$.

2. $\dfrac{2}{15}$.

3. $4\pi$.

能力提升
第 **3** 题讲解视频

# 第七节 斯托克斯公式

## 学习目标

1. 能够通过类比牛顿-莱布尼茨公式、格林公式、高斯公式理解斯托克斯公式.
2. 掌握斯托克斯公式及使用条件；会应用斯托克斯公式计算对坐标的曲线积分.
3. 会用曲线积分、曲面积分描述相关物理量.

## 学习资料

**(一)教材范围**

《高等数学》 同济大学 第八版 下册 第 230~238 页

**(二)线上资源**

资源 1

**资源 1** 叶正麟,陆全.微积分三公式的推演[J].高等数学研究,2021,24(2):1-4

资源 2

**资源 2** 银俊成,蔡智辉.一题多解探讨曲线积分的计算[J].高等数学研究,2023,26(2):12-14,92

**(三)相关实际或军事问题**

**实例 1** 旋转雨伞时,伞柄所做的功与雨珠飞出雨伞边缘时沿边界旋转时产生的功相同.

**实例 2** 通电导线周围出现绕着它的环状磁场线,磁场与电流成右手螺旋关系.磁感应强度的环量与电流之间只相差一个比例系数,电流就是电流密度所形成的通量.

## 预习问题

1. 斯托克斯公式具体是什么?表示了什么积分之间的关系?

2. 斯托克斯公式在平面封闭曲线上的特殊形式是什么?

3. 总结空间曲线上对坐标的曲线积分的计算方法.

4. 设有向量场 $\boldsymbol{A}(x,y,z)=P(x,y,z)\boldsymbol{i}+Q(x,y,z)\boldsymbol{j}+R(x,y,z)\boldsymbol{k}$,$\Sigma$ 是场内一片有向曲面,$\boldsymbol{n}$ 是 $\Sigma$ 在点$(x,y,z)$处的单位法向量,则向量场 $\boldsymbol{A}$ 通过曲面 $\Sigma$ 向着指定侧的通量如何表示?向量场 $\boldsymbol{A}$ 的散度是什么?

5. 设有向量场 $\boldsymbol{A}(x,y,z)=P(x,y,z)\boldsymbol{i}+Q(x,y,z)\boldsymbol{j}+R(x,y,z)\boldsymbol{k}$,$\Gamma$ 是 $\boldsymbol{A}$ 的定义域内的一条分段光滑的有向闭曲线,$\boldsymbol{\tau}$ 是 $\Gamma$ 在点$(x,y,z)$处的单位切向量,则向量场 $\boldsymbol{A}$ 沿有向闭曲线 $\Gamma$ 的环流量是什么?向量场 $\boldsymbol{A}$ 的旋度是什么?

## 练习题

**(一)基础练习**

1. 计算 $\oint_{\Gamma} y\mathrm{d}x+z\mathrm{d}y+x\mathrm{d}z$,其中 $\Gamma$ 为圆周 $x^2+y^2+z^2=a^2$,$x+y+z=0$,若从 $x$ 轴的正向看去,圆周取逆时针方向.

2. 计算 $\oint_{\Gamma}(y-z)\mathrm{d}x+(z-x)\mathrm{d}y+(x-y)\mathrm{d}z$,其中 $\Gamma$ 为椭圆 $x^2+y^2=a^2$,$\dfrac{x}{a}+\dfrac{z}{b}=1$($a>0$,$b>0$),若从 $x$ 轴的正向看去,椭圆取逆时针方向.

**(二)能力提升**

1. 求力 $\boldsymbol{F}=y\boldsymbol{i}+z\boldsymbol{j}+x\boldsymbol{k}$ 沿有向闭曲线 $\Gamma$ 所做的功,其中 $\Gamma$ 为平面 $x+y+z=1$ 被三个坐标面所截成的三角形的整个边界,从 $z$ 轴的正向看去,沿顺时针方向.

## 答案

### (一)基础练习

1. $-\sqrt{3}\pi a^2$.

2. $-2\pi a(a+b)$.

### (二)能力提升

1. $\frac{3}{2}$.

# 本 章 小 结

## 知识框架

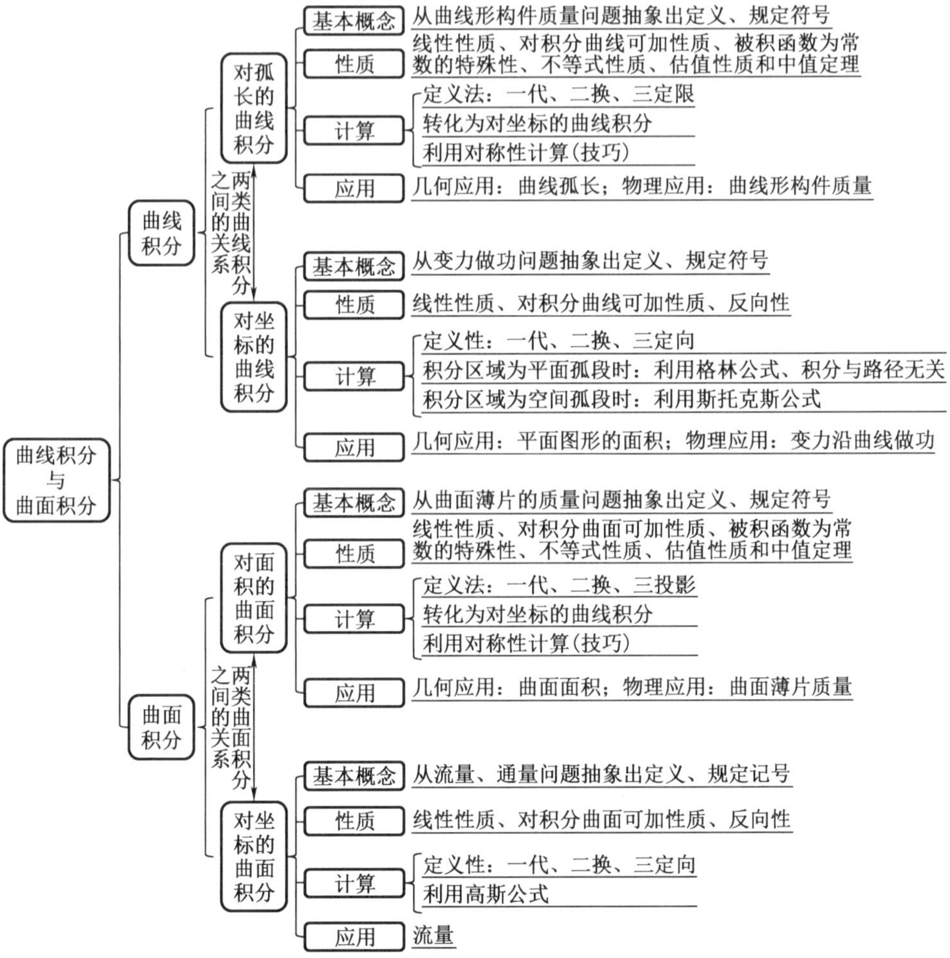

## 概念方法问题梳理

概念方法问题梳理

这一章是把定积分推广到曲线弧或曲面上,仍然运用类比的方法建立概念形成理论.

**问题一** 简要概括本章所学的内容.

**问题二** 什么是对弧长的曲线积分?怎么理解其为定积分概念在曲线弧上的推广?它有哪三条性质,对计算有什么意义?

**问题三** 对弧长的曲线积分计算思路方法是什么?能否用口诀来表示?如曲线是以隐函数给出,能否实现计算?为什么将其转化为定积分时,要求下限要小于上限?

**问题四** 什么是对坐标的曲线积分?其物理意义是什么?有哪三条性质?

**问题五** 对坐标的曲线积分计算思路方法是什么?能否用口诀来表示?两类曲线积分的关系是什么?其中公式中曲线一个有方向,另一个没方向,怎么理解?

**问题六** 格林公式的条件是什么,结论是什么?格林公式有什么意义?

**问题七** 设 $G$ 为单连通区域,$P(x,y)$,$Q(x,y)$ 在 $G$ 内具有一阶连续偏导数,曲线积分 $\int_L P\mathrm{d}x + Q\mathrm{d}y$ 与路径无关有三个充要条件,分别是什么?写出其表达式,而常用于判断积分与路径无关的条件是哪一个?若积分与路径无关,则在 $G$ 内存在 $u(x,y)$,使得 $\mathrm{d}u = P\mathrm{d}x + Q\mathrm{d}y$,如何求 $u(x,y)$?

**问题八** 归纳梳理出计算 $\int_L P\mathrm{d}x + Q\mathrm{d}y$ 的思路方法.

**问题九** 什么是对面积的曲面积分?怎么理解它是定积分概念在空间曲面上的推广?它有哪三条性质,对计算有什么意义?

**问题十** 计算对面积的曲面积分的思路方法是什么?能否用口诀表达?

**问题十一** 什么是对坐标的曲面积分,其物理意义是什么,有哪三条性质?

**问题十二** 计算对坐标的曲面积分的思路方法是什么?能否用口诀表达?两类曲面积分的关系是什么?写出其表达式,公式中一个是有向曲面,一个是无向曲面,怎么理解?

**问题十三** 高斯公式的条件是什么,结论是什么?该公式有什么意义?

**问题十四** 归纳计算对坐标的曲面积分的方法、思路、技巧.

**问题十五** 斯托克斯公式的条件是什么,结论是什么?该公式有什么意义?

**问题十六** 用线面积分表示一些常用的物理量,如做功、曲线杆质量、曲面薄片质量、流量、曲线杆的质心、曲面薄片的质心、转动惯量.列举格林公式、高斯公式在军事中的应用实例.

## 难点、疑点问题

**问题一** 对坐标的曲线积分的计算技巧性问题,举例说明.

**问题二** 对坐标的曲面积分的计算技巧性问题,举例说明.

**问题三** 两类曲线积分、两类曲面积分关系公式应用于一些证明.(见《高等数学》同济大学 第八版 下册 240 页 10(1)(2).)

# 本章练习

本章练习讲解

1. 计算 $\oint_L (x+y)^2 ds$，其中 $L: |x|+|y|=1$.

2. 计算 $\int_L (x^2-3y)dx+(x+y^2)dy$，其中 $L$ 为 $y=\sqrt{2x-x^2}$ 上从点 $(2,0)$ 到点 $(0,2)$ 的一段弧.

3. 计算 $\oint_L \dfrac{ydx-xdy}{2(x^2+y^2)}$，其中 $L$ 是 $(x-1)^2+y^2=2$ 沿逆时针方向.

4 计算 $\iint\limits_{\Sigma}(x^2+y^2+z^2)dS$，其中 $\Sigma$ 为 $x^2+y^2+z^2=R^2$.

5. 计算 $\iint\limits_{\Sigma}(x^2+y^2+z^2)dS$，其中 $\Sigma$ 为 $x^2+y^2+z^2=2Rz$.

6. 计算 $\iint\limits_{\Sigma}z^2 dS$，其中 $\Sigma$ 为 $z^2=x^2+y^2(-1\leqslant z\leqslant 1)$.

7. 计算 $\iint\limits_{\Sigma}xdydz+ydzdx+zdxdy$，其中 $\Sigma$ 为 $z=x^2+y^2$ 介于 $z=0$ 与 $z=1$ 之间的部分，取下侧.

8. 利用曲线积分计算 $y=x, y=x^2$ 所围图形的面积.

9. 计算 $\int_L (y-1)dx+(3x+1)dy-zdz$，其中曲线 $L:\begin{cases}x^2+y^2=1\\2y-z=1\end{cases}$ 从 $z$ 轴正向看去 $L$ 为逆时针方向.

# 本章自测

**一、填空题**

1. 设某一有界曲面 $\Sigma$ 的方程为 $z=f(x,y)$，则用对面积的曲面积分表示曲面 $\Sigma$ 的面积为________.

2. 设某一有界曲面薄片 $\Sigma$ 的密度为 $f(x,y,z)$，则对曲面薄片的质量可用对面积的曲面积分表示为________.

3. 设曲线 $L$ 是区域 $D$ 的正向边界，则 $D$ 的面积用曲线积分可表示为________.

4. 两类曲面积分之间的联系公式为________，其中 $\alpha$、$\beta$ 与 $\gamma$ 为有向曲面 $\Sigma$ 在点 $(x,y,z)$ 处的________的方向角.

5. 设曲线 $L$ 的方程为 $x^2+y^2=1$，则 $\int_L (x-y)^2 ds=$________.

6. $\iint\limits_{x^2+y^2+z^2=4}(x^2+y^2+z^2)\mathrm{d}S=$ ________.

7. 设 $\Sigma$ 为 $x^2+y^2=2$ 被 $z=0,z=3$ 所截的部分,则 $\iint\limits_{\Sigma}\mathrm{d}S=$ ________.

## 二、计算题

1. 计算 $\int_L(x+y)\mathrm{d}s$, 其中 $L$ 为连接$(1,0)$及$(0,1)$两点的直线段.

2. 计算 $\int_L(\mathrm{e}^x\sin y-2y)\mathrm{d}x+(\mathrm{e}^x\cos y-2)\mathrm{d}y$, 其中 $L$ 为上半圆周$(x-a)^2+y^2=a^2,y\geqslant0$ 沿逆时针方向.

3. 计算下列情况下的曲线积分 $\oint_L\dfrac{y\mathrm{d}x-x\mathrm{d}y}{x^2+y^2}$.

(1) $L$ 为圆周 $x^2+y^2=2$, $L$ 的方向为逆时针方向;

(2) $L$ 为圆周$(x-2)^2+y^2=1$, $L$ 的方向为逆时针方向;

(3) $L$ 为圆周$(x-1)^2+y^2=2$, $L$ 的方向为逆时针方向.

4. 已知点 $O(0,0)$ 到 $A(1,1)$,且曲线积分

$$I=\int_{OA}(ax\cos y-y^2\sin x)\mathrm{d}x+(by\cos x-x^2\sin y)\mathrm{d}y$$

与路径无关,试确定 $a,b$,并求 $I$.

5. 设 $\int_L xy^2\mathrm{d}x+y\varphi(x)\mathrm{d}y$ 与路径无关,其中 $\varphi(x)$ 具有连续导数且 $\varphi(0)=0$,求 $\varphi(x)$,并计算 $I=\int_{(0,0)}^{(1,1)}xy^2\mathrm{d}x+y\varphi(x)\mathrm{d}y$.

6. 计算 $\iint\limits_{\Sigma}(x^2+y^2)\mathrm{d}S$, 其中 $\Sigma$ 是 $z^2=3(x^2+y^2)$ 被平面 $z=0,z=3$ 所截部分.

7. 计算曲面积分 $\iint\limits_{\Sigma}(z^2+x)\mathrm{d}y\mathrm{d}z-z\mathrm{d}x\mathrm{d}y$, 其中 $\Sigma$ 为旋转抛物面 $z=\dfrac{1}{2}(x^2+y^2)$ 介于平面 $z=0,z=2$ 的下侧.

8. 计算 $\iint\limits_{\Sigma}\dfrac{ax\mathrm{d}y\mathrm{d}z+(z+a)^2\mathrm{d}x\mathrm{d}y}{\sqrt{x^2+y^2+z^2}}$, 其中 $\Sigma$ 为球面 $x^2+y^2+z^2=a^2(a>0)$ 的外侧.

## 三、分析讨论题

两类曲线积分之间的关系是什么？设有一分段光滑的封闭曲线 $L$,方向为逆时针方向,它的外法向量为 $\boldsymbol{n}$,怎么将对弧长的曲线积分 $\int_L\dfrac{\partial u}{\partial \boldsymbol{n}}\mathrm{d}s$ 化为对坐标的曲线积分？

## 四、证明题

1. 设函数 $f(x,y,z)$ 为连续函数,$\Sigma$ 是平面 $x-y+z=1$ 在第四卦限部分的上侧,证明:

$$\iint\limits_{\Sigma}[f(x,y,z)+x]\mathrm{d}y\mathrm{d}z+[2f(x,y,z)+y]\mathrm{d}z\mathrm{d}x+[f(x,y,z)+z]\mathrm{d}x\mathrm{d}y=\frac{1}{2}$$

2. 验证$(2xy+\mathrm{e}^y)\mathrm{d}x+(x^2+x\mathrm{e}^y)\mathrm{d}y$ 在整个 $xOy$ 面内是某一函数 $u(x,y)$ 的全微分,并求这

样的一个 $u(x,y)$.

3. 已知平面区域 $D=\{(x,y)\mid 0\leqslant x\leqslant \pi, 0\leqslant y\leqslant \pi\}$, $L$ 为 $D$ 的正向边界,试证:

(1) $\oint_L x e^{\sin y}dy - y e^{-\sin x}dx = \oint_L x e^{-\sin y}dy - y e^{\sin x}dx$;

(2) $\oint_L x e^{\sin y}dy - y e^{-\sin x}dx \geqslant 2\pi^2$.

4. 设 $u(x,y)$ 于圆盘 $D: x^2+y^2\leqslant \pi$ 内具有二阶连续偏导数, $L$ 为 $D$ 的正向边界曲线, $\boldsymbol{n}$ 为 $L$ 的外法线方向向量,且 $\frac{\partial^2 u}{\partial x^2}+\frac{\partial^2 u}{\partial y^2}=e^{\pi-x^2-y^2}\sin(x^2+y^2)$,证明 $\oint_L \frac{\partial u}{\partial \boldsymbol{n}}ds = \frac{\pi}{2}(1+e^{\pi})$.

## 答案

### 一、填空题

1. $\iint_\Sigma dS$.

2. $\iint_\Sigma f(x,y,z)dS$.

3. $\frac{1}{2}\oint_L x dy - y dx$.

4. $\iint_\Sigma P dy dz + Q dz dx + R dx dy = \iint_\Sigma (P\cos\alpha + Q\cos\beta + R\cos\gamma)dS$, 法向量.

5. $2\pi$.

6. $64\pi$.

7. $6\sqrt{2}\pi$.

### 二、计算题

1. $\sqrt{2}$.

2. $\pi a^2$.

3. (1) $-2\pi$; (2) $0$; (3) $-2\pi$.

4. $a=b=2$, $I=2\cos 1$.

5. $\varphi(x)=x^2$, $\frac{1}{2}$.

6. $9\pi$.

7. $8\pi$.

8. $4\pi a^3$.

### 三、分析讨论题

$\int_L P dx + Q dy = \int_L (P\cos\alpha + Q\cos\beta)ds$, 其中 $\alpha(x,y)$ 与 $\beta(x,y)$ 为有向曲线弧 $L$ 在点 $(x,y)$ 处的切向量的方向角; $\int_L \frac{\partial u}{\partial \boldsymbol{n}}ds = \int_L \left(\frac{\partial u}{\partial x}\cos\alpha + \frac{\partial u}{\partial y}\sin\alpha\right)ds = \int_L \left(\frac{\partial u}{\partial x}\sin\theta - \frac{\partial u}{\partial y}\cos\theta\right)ds =$

$\int_L \frac{\partial u}{\partial x}dy - \frac{\partial u}{\partial y}dx$

**四、证明题**

1. 提示：利用两类曲面积分之间的联系.

2. (1) $\frac{\partial P}{\partial y}=\frac{\partial Q}{\partial x}=2x+e^y$；(2) $x^2y+xe^y$.

3. (1) 提示：利用格林公式与积分对称性证明等式成立；

(2) 提示：在第一问条件下，依据积分的不等式性质即可证结论成立.

4. 提示：利用两类曲线积分之间的联系与格林公式.

# 第十二章　无穷级数

## 第一节　常数项级数的概念和性质

### 学习目标

1. 了解无穷级数的产生背景;知道无穷级数讨论的数学问题.

2. 理解常数项级数的概念,领悟未知到已知的思想;理解级数的部分和与部分和数列的概念,领悟有限到无限的数学思想;理解常数项级数收敛、发散及级数的和的定义.

3. 了解收敛级数的基本性质;掌握收敛级数的必要条件,并能运用其判断级数发散.

4. 会利用级数敛散性的定义和收敛级数的性质判断简单常数项级数的敛散性;掌握几何级数 $\sum\limits_{n=1}^{\infty} aq^n$、调和级数 $\sum\limits_{n=1}^{\infty} \frac{1}{n}$ 的敛散性.

### 学习资料

#### (一)教材范围

《高等数学》 同济大学 第八版 下册 第 241~248 页

#### (二)线上资源

**资源 1**　洛桑达瓦. 常数项级数收敛性教学初探[J]. 科教文汇,2009(3):137-138

资源 1

**资源 2**　常数项级数收敛、发散及级数的和

资源 2

#### (三)相关实际或军事问题

**实例 1**　对于无穷数列$\{2^n\}(n=0,1,2,3,\cdots)$,有学员求其无穷多项的和为 $\sum\limits_{n=0}^{\infty} 2^n$, 方法如下:

设 $\sum\limits_{n=0}^{\infty} 2^n = S$, 因为

$$2^0+2^1+2^2+\cdots+2^n+\cdots=2^0+2(2^0+2^1+2^2+\cdots+2^n+\cdots)$$

则有 $S=1+2S$,可得 $S=-1$,显然结果是错误的,知道其缘由吗?

**实例 2**　张春英. 常数项级数的基本概念的教学案例[J]. 天津城建大学学报,2014(5):74-78.

实例 2

## 预习问题

1. 什么是无穷级数？根据有限到无限的思想，如何定义无穷级数收敛和发散？

2. 收敛级数的线性性是什么？收敛级数与发散级数的线性运算后敛散性是什么？发散级数与发散级数线性运算后一定发散吗？

3. 级数去掉、加上或改变有限项，级数的敛散性改变吗？级数的和改变吗？

4. 对收敛级数的项任意加括号后所成的级数，还是收敛的吗？级数的和改变吗？

5. 级数收敛的必要条件是什么？怎样运用该条件判断级数发散？

6. 目前来讲，判断级数收敛或者发散的方法有哪些？

## 练习题

### (一)基础练习

1. 求出下列级数的部分和.

(1) $\sum_{n=1}^{\infty}(\sqrt{n+1}-\sqrt{n})$；

(2) $\sum_{n=1}^{\infty}\ln\frac{n+1}{n}$；

(3) $\sum_{n=1}^{\infty}\frac{1}{n(n+1)}$；

(4) $\sum_{n=1}^{\infty}\left(\frac{1}{2^n}+\frac{1}{3^n}\right)$；

(5) $\sum_{n=1}^{\infty}(-1)^n$；

(6) $\sum_{n=1}^{\infty}1$.

2. 判断下列级数的敛散性.

(1) $\sum_{n=1}^{\infty}(\sqrt{n+1}-\sqrt{n})$；

(2) $\sum_{n=1}^{\infty}\ln\frac{n+1}{n}$；

(3) $\sum_{n=1}^{\infty}\frac{1}{n(n+1)}$；

(4) $\sum_{n=1}^{\infty}\left(\frac{1}{2^n}+\frac{1}{3^n}\right)$；

(5) $\sum_{n=1}^{\infty}(-1)^n$；

(6) $\sum_{n=1}^{\infty}1$；

(7) $\sum_{n=1}^{\infty}\left(\frac{1}{2^n}+\frac{1}{n}\right)$;

(8) $\sum_{n=1}^{\infty}\sin\frac{n\pi}{6}$;

(9) $\sum_{n=1}^{\infty}\frac{1}{\sqrt[n]{3}}$.

3. 几何级数 $\sum_{n=0}^{\infty}aq^n$ 敛散性的条件是什么？收敛时和是多少？

**(二)能力提升**

1. 判断级数 $\sum_{n=1}^{\infty}\frac{2n-1}{2^n}$ 的敛散性,若收敛求其和.

2. 利用常数项级数收敛定义证明调和级数 $\sum_{n=1}^{\infty}\frac{1}{n}$ 是发散的.

3. 若常数项级数 $\sum_{n=1}^{\infty}u_n$ 发散,级数 $\sum_{n=1}^{\infty}(u_{n-1}-u_n)$ 一定发散吗？

## 答案

**(一)基础练习**

1. (1) $S_n=\sqrt{n+1}-1$；(2) $S_n=\ln(n+1)$；(3) $S_n=1-\frac{1}{n+1}$；(4) $S_n=\frac{\frac{1}{2}\left(1-\frac{1}{2^n}\right)}{1-\frac{1}{2}}+\frac{\frac{1}{3}\left(1-\frac{1}{3^n}\right)}{1-\frac{1}{3}}$；

(5) $S_n=\begin{cases}0, & n\text{ 为偶数}\\-1, & n\text{ 为奇数}\end{cases}$；(6) $S_n=n$.

2. (1)发散；(2)发散；(3)收敛；(4)收敛；(5)发散；(6)发散；(7)发散；(8)发散；(9)发散.

3. 几何级数当 $|q|<1$ 时收敛,和是 $S=\frac{a}{1-q}$, 当 $|q|\geqslant1$ 时发散.

**(二)能力提升**

1. 收敛, $S=3$.

2. 证明:假设调和级数是收敛的,则有 $\lim\limits_{n\to\infty}S_n=s$,及 $\lim\limits_{n\to\infty}S_{2n}=s$,则有 $S_{2n}-S_n\xrightarrow{n\to\infty}0$,但另一方面 $S_{2n}-S_n=\frac{1}{n+1}+\frac{1}{n+2}+\cdots+\frac{1}{2n}>\frac{1}{2n}+\frac{1}{2n}+\cdots\frac{1}{2n}=\frac{1}{2}$,该结论与 $S_{2n}-S_n\xrightarrow{n\to\infty}0$ 矛盾,则调和级数是发散的.

3. 不一定.

# 第二节　常数项级数的审敛法

## 学习目标

1. 知道为什么先讨论正项级数,领悟从一般到特殊再到一般的数学思想.

2. 理解正项级数的含义及其收敛的充要条件,掌握正项级数的比较判别法的两种形式;掌握 $p$-级数和等比级数的敛散性,并会以其为基本参照级数判断某些正项级数的敛散性.

3. 掌握正项级数的比值判别法和根值判别法;能总结判断正项级数敛散性的方法.

4. 掌握交错级数的莱布尼茨判别法.

5. 领悟由未知转化到已知的思想,理解绝对收敛、条件收敛的概念,以及级数绝对收敛与级数收敛的关系.

6. 知道判断任意项级数敛散性的思路,会判断其敛散性.

## 学习资料

**(一)教材范围**

《高等数学》 同济大学 第八版 下册 第 248~261 页

**(二)线上资源**

资源 1

**资源 1**　判断正项级数的敛散性的基本思路

**(三)相关实际或军事问题**

**实例 1**　关于数的加减法:

$$\begin{aligned}
1-\frac{1}{2}+\frac{1}{3}-\frac{1}{4}+\frac{1}{5}-\frac{1}{6}+\cdots &= \left(1+\frac{1}{3}+\frac{1}{5}+\cdots\right)-\left(\frac{1}{2}+\frac{1}{4}+\frac{1}{6}+\cdots\right)\\
&= \left(1+\frac{1}{3}+\frac{1}{5}+\cdots\right)-\left(\frac{1}{2}+\frac{1}{4}+\frac{1}{6}+\cdots\right)+\\
&\quad \left(\frac{1}{2}+\frac{1}{4}+\frac{1}{6}+\cdots\right)-\left(\frac{1}{2}+\frac{1}{4}+\frac{1}{6}+\cdots\right)\\
&= \left(1+\frac{1}{2}+\frac{1}{3}+\frac{1}{4}+\frac{1}{5}+\cdots\right)-2\left(\frac{1}{2}+\frac{1}{4}+\frac{1}{6}+\cdots\right)\\
&= \left(1+\frac{1}{2}+\frac{1}{3}+\frac{1}{4}+\frac{1}{5}+\cdots\right)-\left(1+\frac{1}{2}+\frac{1}{3}+\cdots\right)=?
\end{aligned}$$

## 预习问题

1. 如何根据定义判断常数项级数的敛散性?如何根据收敛级数的必要条件判断级数的敛散性?这两种方法对于判断级数的敛散性有什么不足?

2. 为什么先讨论正项级数的敛散性？正项级数收敛的充要条件是其部分和数列需具有什么特点？

3. 正项级数的比较判别法是什么？常见的参照级数有哪些？具体怎么比较？

4. 正项级数的比值判别法和根值判别法是什么？利用它们判别敛散性的优点和不足分别是什么？

5. 判断正项级数的敛散性的基本思路是什么？

6. 判断交错级数敛散性的莱布尼茨判别法是什么？如果不满足莱布尼茨判别的条件，能说明该级数发散吗？判断交错级数敛散性的基本思路是什么？

7. 任意项级数的敛散性可以根据定义和收敛级数的必要条件判断，或者将一般项加绝对值转化为正项级数讨论，具体是怎么判断其敛散性的？

## 练习题

### (一)基础练习

1. 判断下列具体的正项级数的敛散性.

(1) $\sum\limits_{n=1}^{\infty} \sin \dfrac{\pi}{n^2}$;

(2) $\sum\limits_{n=1}^{\infty} \dfrac{1+n}{1+n^2}$;

(3) $\sum\limits_{n=1}^{\infty} \dfrac{1}{n\sqrt{1+n}}$;

(4) $\sum\limits_{n=1}^{\infty} \dfrac{1}{\ln(1+n)}$;

(5) $\sum\limits_{n=1}^{\infty} \dfrac{5^n n!}{n^n}$;

(6) $\sum\limits_{n=1}^{\infty} n\sin \dfrac{1}{2^n}$;

(7) $\sum\limits_{n=1}^{\infty} \left(\dfrac{n+1}{n\cdot 2^n}\right)^{n^2}$;

(8) $\sum\limits_{n=1}^{\infty} \dfrac{1}{[\ln(1+n)]^n}$;

(9) $\sum\limits_{n=1}^{\infty} \dfrac{3^n}{1+e^n}$.

2. 证明：正项级数 $\sum\limits_{n=1}^{\infty} u_n$ 收敛，那么 $\sum\limits_{n=1}^{\infty} u_n^2$ 收敛；说明如果级数 $\sum\limits_{n=1}^{\infty} u_n$ 收敛，那么 $\sum\limits_{n=1}^{\infty} u_n^2$ 敛散性如何？如果级数 $\sum\limits_{n=1}^{\infty} u_n^2$ 收敛，那么 $\sum\limits_{n=1}^{\infty} u_n$ 的敛散性如何？

3. 判断下列级数的敛散性.

(1) $\sum_{n=1}^{\infty}(-1)^n\frac{1}{n}$;

(2) $\sum_{n=1}^{\infty}(-1)^n\frac{1}{n!}$;

(3) $\sum_{n=1}^{\infty}\frac{1+\cos n\pi}{\sqrt{n}}$;

(4) $\sum_{n=1}^{\infty}\frac{(-1)^{n-1}}{n-\ln n}$.

4. 判断下列级数的敛散性,如果收敛,是绝对收敛还是条件收敛?

(1) $\sum_{n=1}^{\infty}\frac{\sin\frac{n\pi}{5}}{2^n}$;

(2) $\sum_{n=1}^{\infty}(-1)^n\frac{\sqrt{n}}{n+1}$;

(3) $\sum_{n=1}^{\infty}(-1)^n(\sqrt{n+1}-\sqrt{n})$.

**(二)能力提升**

1. 证明或举例说明:

(1)若级数 $\sum_{n=1}^{\infty}u_n$ 绝对收敛,级数 $\sum_{n=1}^{\infty}v_n$ 条件收敛,那么级数 $\sum_{n=1}^{\infty}(u_n+v_n)$ 条件收敛;

(2)若级数 $\sum_{n=1}^{\infty}u_n$ 和 $\sum_{n=1}^{\infty}v_n$ 绝对收敛,则级数 $\sum_{n=1}^{\infty}(u_n+v_n)$ 绝对收敛;

(3)若级数 $\sum_{n=1}^{\infty}u_n$ 和 $\sum_{n=1}^{\infty}v_n$ 发散,则级数 $\sum_{n=1}^{\infty}(u_n+v_n)$ 敛散性不确定,但级数 $\sum_{n=1}^{\infty}(|u_n|+|v_n|)$ 发散.

2. 证明正项级数的比较判别法.

3. 设 $\{a_n\}$ 为正项数列,$S_n=a_1+a_2+\cdots+a_n$,$n=1,2,\cdots$,证明:

(1) $\sum_{n=2}^{\infty}\left(\frac{1}{S_{n-1}}-\frac{1}{S_n}\right)$ 收敛;

(2) $\sum_{n=1}^{\infty}\frac{a_n}{S_n^2}$ 收敛.

4. 用级数收敛的必要条件证明 $\lim_{n\to\infty}\frac{n^n}{(n!)^2}=0$.

## 答案

**(一)基础练习**

1. (1)收敛;(2)发散;(3)收敛;(4)发散;(5)发散;(6)收敛;(7)收敛;(8)收敛;(9)发散.

2. 分析：要证 $\sum_{n=1}^{\infty} u_n^2$ 收敛，由于级数是抽象的，无法根据定义、比值和根值判断；$u_n^2 \to 0$，无法说明收敛还是发散，可尝试根据比较判别法讨论 $|u_n^2| \leqslant Mu_n$；

级数 $\sum_{n=1}^{\infty} u_n$ 收敛，那么 $\sum_{n=1}^{\infty} u_n^2$ 敛散性不定；

级数 $\sum_{n=1}^{\infty} u_n^2$ 收敛，那么 $\sum_{n=1}^{\infty} u_n$ 的敛散性不定.

3. (1)收敛；(2)收敛；(3)发散；(4)收敛.

4. (1)绝对收敛；(2)条件收敛；(3)条件收敛.

**(二)能力提升**

1. (1)根据定义，说明级数 $\sum_{n=1}^{\infty} |u_n + v_n|$ 发散，但级数 $\sum_{n=1}^{\infty} (u_n + v_n)$ 收敛，而 $||u_n| - |v_n|| \leqslant |u_n + v_n| \leqslant |u_n| + |v_n|$，根据条件 $\sum_{n=1}^{\infty} |u_n|$ 收敛，$\sum_{n=1}^{\infty} |v_n|$ 发散，那么级数 $\sum_{n=1}^{\infty} ||u_n| - |v_n||$ 发散；

(2)要证若级数 $\sum_{n=1}^{\infty} u_n$ 和 $\sum_{n=1}^{\infty} v_n$ 绝对收敛，则级数 $\sum_{n=1}^{\infty} (u_n + v_n)$ 绝对收敛，需证 $\sum_{n=1}^{\infty} |u_n + v_n|$ 收敛，而 $|u_n + v_n| \leqslant |u_n| + |v_n|$，且级数 $\sum_{n=1}^{\infty} |u_n|$ 和 $\sum_{n=1}^{\infty} |v_n|$ 都收敛，根据比较判别法可证；

(3)用反证法.

2. 略.

3. (1)根据定义，求部分和数列，由于为正项级数，只需证部分和数列有界；

(2) $\frac{1}{S_{n-1}} - \frac{1}{S_n} = \frac{S_n - S_{n-1}}{S_{n-1} S_n} = \frac{a_n}{S_{n-1} S_n}$，而 $\frac{a_n}{S_n^2} \leqslant \frac{a_n}{S_{n-1} S_n}$，根据比较判别法可证.

能力提升
第3题讲解视频

4. 只需证级数 $\sum_{n=1}^{\infty} \frac{n^n}{(n!)^2}$ 收敛，根据级数收敛的必要条件，可证一般项 $\frac{n^n}{(n!)^2}$ 的极限为 0.

# 第三节　幂　级　数

## 学习目标

1. 能类比常数项级数的概念知道函数项级数的概念,并理解收敛点(发散点)、收敛域(发散域)及和函数的定义.

2. 通过一般到特殊的数学思想,知道讨论幂级数的意义,并掌握幂级数的形式及收敛域、和函数的概念.

3. 理解 Abel 定理,并会利用其判断幂级数在一点处的敛散性.

4. 会求幂级数的收敛半径、收敛区间和收敛域.

5. 理解幂级数的运算性质和分析性质,知道其是求幂级数和函数的理论基础.

6. 掌握求幂级数和函数的思路方法,领悟其中的转化思想,会求幂级数的和函数.

## 学习资料

资源 1

### (一)教材范围

《高等数学》 同济大学 第八版 下册 第 262~270 页

### (二)线上资源

**资源 1**　刘春连. 幂级数求和函数的方法及应用[J]. 高等数学研究,2016,19(03):42-44

资源 2

**资源 2**　幂级数的收敛域及和函数

## 预习问题

1. 什么是常数项级数? 什么是函数项级数? 什么是幂级数?

2. 什么是函数项级数的收敛点(发散点),收敛域(发散域)及和函数?

3. Abel 定理是什么? 对求幂级数收敛半径的帮助是什么?

4. 怎么求幂级数的收敛半径和收敛区间? 对于连幂次的幂级数、非连幂次的幂级数及收敛中心不在原点的幂级数,如何求其收敛域?

5. 大部分幂级数无法根据定义求其和函数,那么求其和函数的思路方法是什么?

6. $\sum\limits_{n=0}^{\infty} a_n x^n$ 收敛于 $S(x)$, $\sum\limits_{n=0}^{\infty} b_n x^n$ 收敛于 $T(x)$,则 $\sum\limits_{n=0}^{\infty}(ku_n + lv_n)$ 是否收敛,收敛到多少? 对于求幂级数的和函数有什么帮助? 幂级数的和函数连续吗? 从运算角度出发,逐项可积和逐项可导有什么特点? 会改变和函数的收敛域吗?

7. 如何将常数项级数求和问题转化为函数项级数求和问题?

## 练习题

### (一)基础练习

1. 求下列幂级数的收敛域.

(1) $\sum_{n=1}^{\infty}\frac{x^n}{n\cdot 3^n}$;

(2) $\sum_{n=0}^{\infty}(-1)^n\frac{x^{2n+1}}{2n+1}$;

(3) $\sum_{n=1}^{\infty}\frac{(x-5)^n}{\sqrt{n}}$.

2. 求下列级数的和函数.

(1) $\sum_{n=1}^{\infty}nx^{n-1}$;

(2) $\sum_{n=1}^{\infty}\frac{x^{4n+1}}{4n+1}$.

### (二)能力提升

1. 设 $\sum_{n=1}^{\infty}a_n(x+2)^n$ 在 $x=-4$ 处收敛,在 $x=0$ 处发散,求该级数的收敛域.

2. 求下列级数的和函数.

(1) $\sum_{n=1}^{\infty}\frac{x^n}{n+1}$;

(2) $\sum_{n=1}^{\infty}\frac{2n-1}{2^n}x^{2(n-1)}$.

3. 求下列常数项级数的和.

(1) $\sum_{n=1}^{\infty}\frac{n^2}{n!}$;

(2) $\sum_{n=1}^{\infty}\frac{n}{2^n}$;

(3) $\sum_{n=2}^{\infty}\frac{1}{(n^2-1)2^n}$.

## 答案

### (一)基础练习

1. (1) $\left[-\frac{1}{3},\frac{1}{3}\right)$;(2) $[-1,1)$;(3) $[4,6)$.

2. (1) $S(x)=\frac{1}{(1-x)^2}, x\in(-1,1)$;(2) $S(x)=\frac{1}{4}\ln\frac{1+x}{1-x}+\frac{1}{2}\arctan x-x, x\in(-1,1)$.

（二）能力提升

1. $[-4,0)$.

能力提升

第3题(1)讲解视频

2. (1) $S(x)=\begin{cases}\dfrac{1}{x}\ln(1-x), x\in[-1,0)\cup(0,1)\\ 1, x=0\end{cases}$;

(2) $S(x)=\dfrac{2+x^2}{(2-x^2)^2}, x\in(-\sqrt{2},\sqrt{2})$.

3. (1) $2e$; (2) $\dfrac{9}{4}$; (3) $\dfrac{5}{8}-\dfrac{3}{4}\ln 2$.

# 第四节　函数展开成幂级数

## 学习目标

1. 知道将函数展开成幂级数是幂级数求和函数的逆问题；了解函数展开成幂级数的意义.

2. 掌握函数展开成泰勒级数、麦克劳林级数的条件；会将函数直接展开成泰勒级数.

3. 知道常见函数 $e^x$, $\sin x$, $\cos x$, $\ln(1+x)$, $(1+x)^\alpha$ 的麦克劳林级数；领悟将未知转化为已知的思想，会间接将函数展开成幂级数.

## 学习资料

资源1

资源2

（一）教材范围

《高等数学》 同济大学 第八版 上册 泰勒公式

《高等数学》 同济大学 第八版 下册 第270~286页

（二）线上资源

**资源1**　宋明亮. 浅谈函数的幂级数展开[J]. 江苏第二师范学院学报(自然科学版), 2009(4): 51-54

**资源2**　将函数展开成幂级数的方法

（三）相关实际或军事问题

**实例1**　用函数展开成幂级数的形式估算无理数 $e$ 的近似值；

**实例2**　在常微分方程求解时，可将微分方程的解设为幂级数的形式，对幂级数逐项求导，再根据初始条件求出幂级数的系数，从而确定微分方程的解.

## 预习问题

1. 函数 $f(x)$ 在一点处的泰勒公式是什么？

2. 函数 $f(x)$ 能够展开成泰勒级数的条件是什么?

3. 函数 $f(x)$ 直接展开成泰勒级数的具体方法是什么?

4. 函数 $e^x$, $\sin x$, $\cos x$, $\ln(1+x)$, $(1+x)^\alpha$ 的麦克劳林级数式分别是什么?

5. 函数 $f(x)$ 间接展开为幂级数的思路是什么,具体方法是什么?

## 练习题

### (一) 基础练习

1. 将函数 $f(x)=e^x$ 展开成 $x$ 的幂级数,并估算 e 的值.

2. 将下列函数展开成 $x$ 的幂级数.

(1) $f(x)=(1+x)\ln(1+x)$;

(2) $f(x)=\dfrac{1}{x^2+3x+2}$.

3. 分别用直接展开法和间接展开法将函数 $f(x)=\dfrac{1}{x}$ 展开成 $(x-3)$ 的幂级数.

### (二) 能力提升

1. 将函数 $f(x)=\arctan\dfrac{1-2x}{1+2x}$ 展开成 $x$ 的幂级数,并求 $\sum\limits_{n=0}^{\infty}\dfrac{(-1)^n}{2n+1}$ 的和.

2. 将函数 $f(x)=\dfrac{1}{(2-x)^2}$ 展开成 $x$ 的幂级数,并求 $f^{(n)}(0)$.

## 答案

### (一) 基础练习

1. $e^x=\sum\limits_{n=0}^{\infty}\dfrac{x^n}{n!}(-\infty<x<+\infty)$.

2. (1) $(1+x)\ln(1+x)=x+\sum\limits_{n=2}^{\infty}\dfrac{(-1)^n}{n(n-1)}x^n(-1<x\leqslant 1)$;

(2) $\dfrac{1}{x^2+3x+2}=\sum\limits_{n=0}^{\infty}(-1)^n\left[1-\dfrac{1}{2^{n+1}}\right]x^n(-1<x<1)$.

3. $\dfrac{1}{x}=\sum\limits_{n=0}^{\infty}(-1)^n\dfrac{(x-3)^n}{3^{n+1}}(0<x<6)$.

### (二) 能力提升

1. $f(x)=\dfrac{\pi}{4}-\sum\limits_{n=0}^{\infty}\dfrac{(-1)^n2^{2n+1}}{2n+1}x^{2n+1}$, $\sum\limits_{n=0}^{\infty}\dfrac{(-1)^n}{2n+1}=\dfrac{\pi}{4}$.

2. $\dfrac{1}{(2-x)^2}=\sum\limits_{n=1}^{\infty}\dfrac{n}{2^{n+1}}x^{n-1}$, $f^{(n)}(0)=\dfrac{(n+1)!}{2^{n+2}}$.

能力提升
第 1 题讲解视频

能力提升
第 2 题讲解视频

# 第五节　傅里叶级数 一般周期的傅里叶级数

## 学习目标

1. 知道讨论傅里叶级数的背景及意义.

2. 理解三角级数的概念、三角函数系的正交性及傅里叶级数的概念.

3. 掌握傅里叶级数的收敛定理;会将周期为 $2\pi$、$2l$ 的函数 $f(x)$ 展开成傅里叶级数,并知道傅里叶级数的和函数与 $f(x)$ 的关系.

4. 了解周期延拓的概念;会将定义在区间 $[-\pi,\pi]$(或 $(-\pi,\pi]$、$[-\pi,\pi)$、$(-\pi,\pi)$)、$[-l,l]$(或 $(-l,l]$、$[-l,l)$、$(-l,l)$)上的函数周期延拓,并展开成傅里叶级数.

5. 了解正弦级数、余弦级数、奇延拓、偶延拓的概念;会将定义在区间 $[0,\pi]$(或 $(0,\pi]$、$[0,\pi)$、$(0,\pi)$)、$[0,l]$(或 $(0,l]$、$[0,l)$、$(0,l)$)上的函数展开成正弦级数或余弦级数.

## 学习资料

资源 1

实例 1

**(一) 教材范围**

《高等数学》同济大学 第八版 下册 第 294~313 页

**(二) 线上资源**

**资源 1**　周期函数展成傅里叶级数、和函数及其图像

**(三) 相关实际或军事问题**

**实例 1**　袁星,梁春雪,夏自由. 傅里叶级数函数在防伪包装设计上的应用研究[J]. 技术专刊,2020(10):43-44.

## 预习问题

1. 三角级数是什么? 三角函数系的正交性是什么?

2. 什么是傅里叶级数? 如何求周期为 $2\pi$ 的函数 $f(x)$ 的傅里叶级数? $f(x)$ 满足什么条件可展开成傅里叶级数? 傅里叶级数的和函数是什么,怎样画和函数图像?

3. 怎样将周期为 $2l$ 的周期函数展开成傅里叶级数?

4. 什么是周期延拓、奇延拓、偶延拓? 如何将非周期函数展开成傅里叶级数、正弦级数、余弦级数?

## 练习题

**(一) 基础练习**

1. 将周期为 $2\pi$ 的周期函数 $f(x)=\begin{cases}-1, & -\pi\leqslant x<0\\ 1, & 0\leqslant x<\pi\end{cases}$ 展开成傅里叶级数,求其和函数,并

作出和函数的图像.

2. 将周期为 4 的周期函数 $f(x)=\begin{cases}-1, & -2\leqslant x<0\\ 1, & 0\leqslant x<2\end{cases}$ 展开成傅里叶级数,求其和函数,并作出和函数的图像.

(二)能力提升

1. 将函数 $f(x)=\begin{cases}-x, & -\pi\leqslant x<0\\ x, & 0\leqslant x\leqslant\pi\end{cases}$ 展开成傅里叶级数.

2. 将函数 $f(x)=x, 0\leqslant x\leqslant\pi$ 展开成正弦级数和余弦级数.

3. 利用周期为 $2\pi$ 的函数 $f(x)=x^2, 0<x<2\pi$ 展开成的傅里叶级数,证明:

$$\sum_{n=1}^{\infty}\frac{1}{n^2}=\frac{\pi^2}{8}$$

## 答案

(一)基础练习

1. $f(x)=\frac{4}{\pi}\sum_{n=1}^{\infty}\frac{1}{2n-1}\sin(2n-1)x(x\in R, x\neq 0, \pm\pi, \pm 2\pi, \cdots)$, $s(x)=\begin{cases}f(x), & (x\in R, x\neq 0, \pm\pi, \pm 2\pi, \cdots)\\ 0, & (x=0, \pm\pi, \pm 2\pi, \pm 3\pi, \cdots)\end{cases}$.

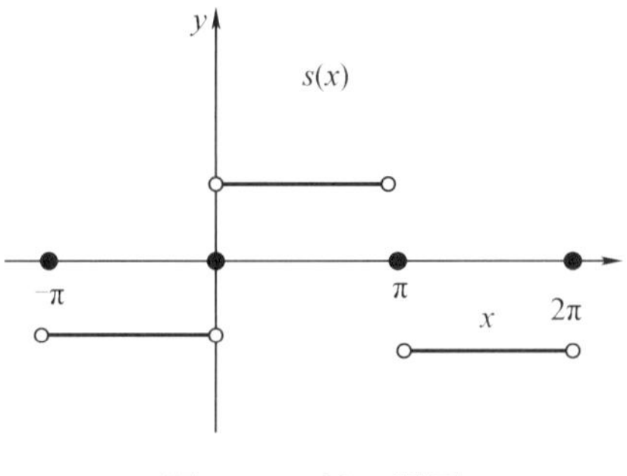


图 12-1 第 1 题图

2. $f(x)=\frac{4}{\pi}\sum_{n=1}^{\infty}\frac{1}{2n-1}\sin\frac{(2n-1)}{2}\pi x(x\in(-2,0)\cup(0,2))$, $s(x)=\begin{cases}f(x), & x\in(-2,0)\cup(0,2)\\ 0, & x=0, \pm 2\end{cases}$.

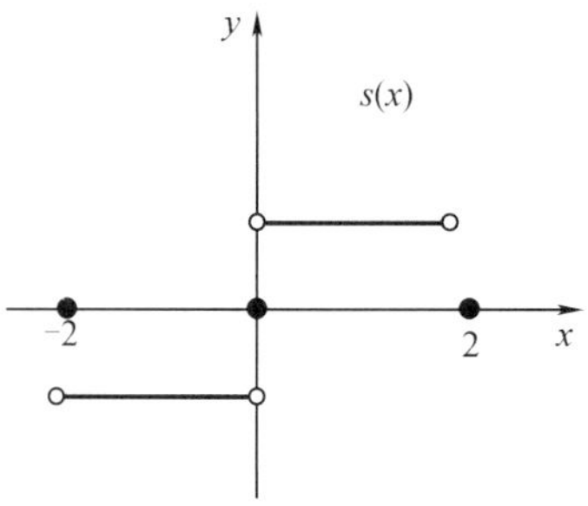


图 12-2 第 2 题图

## (二)能力提升

1. $f(x)=\dfrac{\pi}{2}-\dfrac{4}{\pi}\sum\limits_{n=1}^{\infty}\dfrac{1}{(2n-1)^2}\cos(2n-1)x(-\pi\leqslant x\leqslant\pi)$,$s(x)=f(x)(-\pi\leqslant x\leqslant\pi)$.

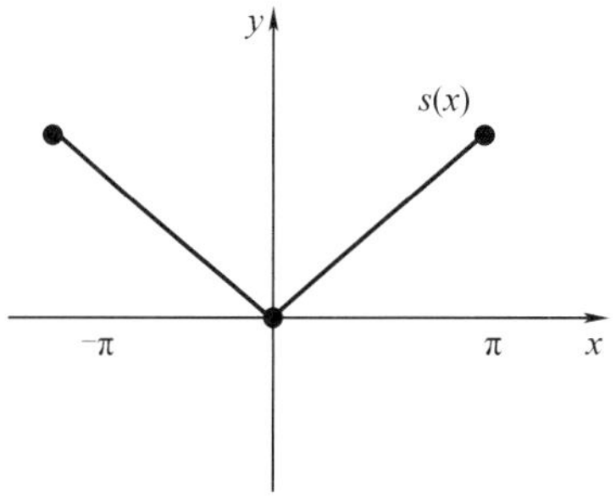


图 12-3 第 1 题图

2. 正弦级数:$f(x)=2\sum\limits_{n=1}^{\infty}\dfrac{(-1)^n}{n}\sin nx(x\in[0,\pi))$,$s(x)=\begin{cases}f(x), & (x\in[0,\pi))\\ 0, & x=\pi\end{cases}$.

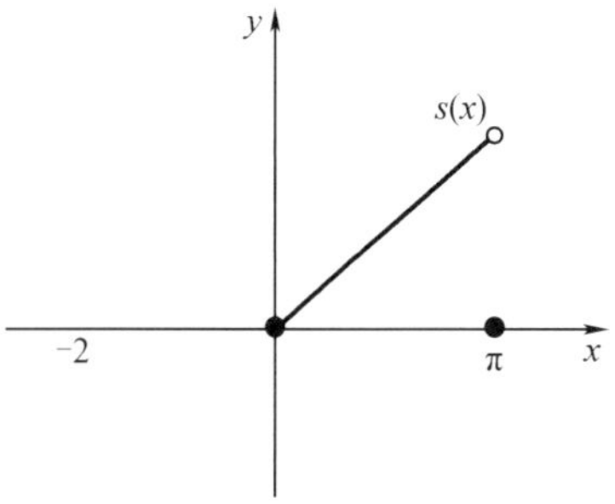


图 12-3 第 2 题图

余弦级数:$f(x)=\dfrac{\pi}{2}-\dfrac{4}{\pi}\sum\limits_{n=1}^{\infty}\dfrac{1}{(2n-1)^2}\cos(2n-1)x(0\leqslant x<\pi)$,$s(x)=f(x)(0\leqslant x\leqslant\pi)$.

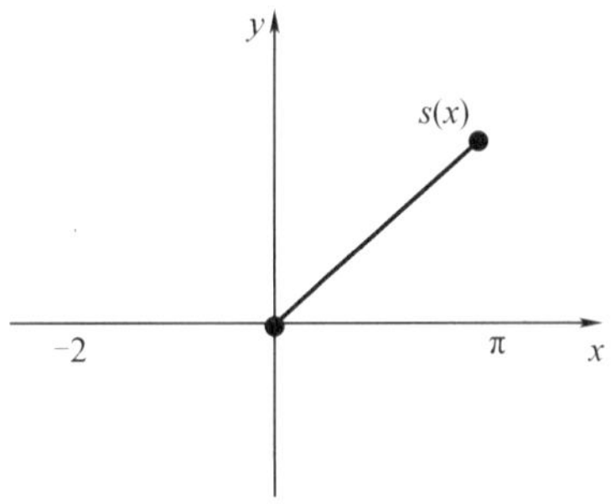


图 12-4 第 2 题图

3. 证明略.

# 本章小结

## 知识框架

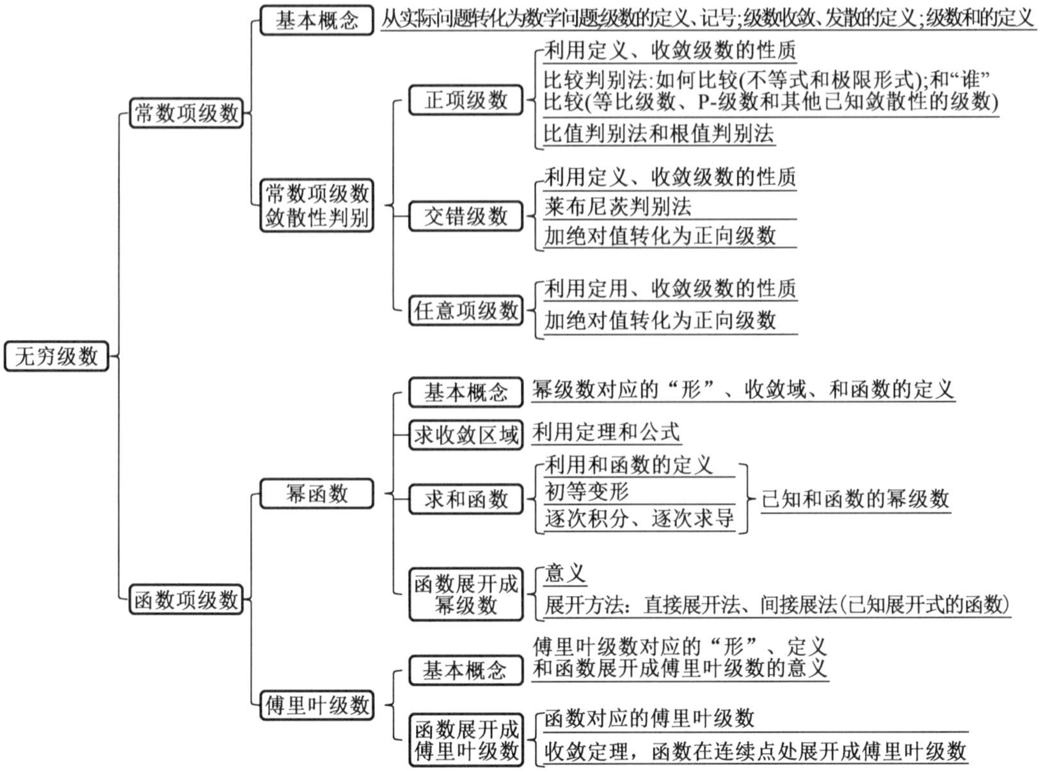

## 概念方法问题梳理

概念方法问题梳理

无穷级数是高等数学中的独立模块,通过研究无穷多个数相加的问题建立级数的理论,它对函数的表示、函数性质的分析及数值计算有着重要的作用,其体现的比较思想有利于促进思维在其他领域的迁移.

**问题一** 从整体上梳理归纳这一章所学的内容.

**问题二** 讨论无穷多个数相加的问题中,无穷多个数指的是什么?无穷多个数相加怎么定义?如何理解引出的数学概念像"级数""收敛""发散"和"余项"的定义?

**问题三** 无穷多个数相加问题在数学上核心(这一部分的目标)要解决什么?

**问题四** 收敛级数有哪四条性质?写出相应的定理,并说明这些性质的意义.判断级数敛散性的主要困难在哪里?为什么?

**问题五** 为什么要引进正项级数的审敛法?运用了什么思维方法来讨论正项级数的审敛法?正项级数有哪些审敛法?按照什么样的逻辑顺序进行归纳提炼?具体怎么运用?

**问题六** 什么是交错级数?"交错"是什么意思?交错级数有什么判别法?写出具体的结论.

**问题七** 什么是绝对收敛、条件收敛?引进这两个概念的目的是什么?关于这两个概念有什么相关结论?结论有什么意义?

**问题八** 课堂上老师强调特殊级数(包括收敛或发散)的记忆,就你所学,有哪些典型常用的特殊级数?记忆这些级数的目的是什么?为什么?

**问题九** 针对判别常数项级数敛散性问题,梳理出自己理解的思路方法,给出对应的思维流程图.

**问题十** 类比无穷多个数相加,也有无穷多个函数相加,无穷多个函数是什么?相加怎么定义?怎么理解函数项级数、收敛域、发散域和余项?无穷多个函数相加在数学上核心要解决什么?主要困难是什么?

**问题十一** 什么是幂级数?写出其表达式.为讨论幂级数的收敛域,运用了数学的什么思想?阿贝尔定理的内容是什么?用直观图表示,为什么由 Abel 定理会得到收敛半径的概念?求幂级数收敛半径的方法是什么?如何确定幂级数收敛域?求和函数的思路方法是什么?

**问题十二** 什么是函数展开成幂级数?目的意义是什么?函数展开成幂级数主要解决什么问题?将函数展开成幂级数的直接法是什么?将函数展开成幂级数的间接法是什么?

**问题十三** 需要记忆哪些特殊的幂级数?它们的收敛域、和函数有什么意义?为什么?

**问题十四** 什么是三角级数?写出表达式.为什么要讨论三角函数系的正交性?函数展开成傅里叶级数的思路方法是什么?狄利克雷收敛定理起什么作用?函数展开成傅里叶级数只讨论了直接法,有没有间接法?为什么?

## 难点、疑点问题

**问题一** 判断常数项级数的分析方法、问题包括：怎么入手？$\sum_{n=1}^{\infty} a_n$ 中 $a_n$ 的阶怎么估计？用什么方法实现？

**问题二** 计算幂级数在收敛域下的和函数的方法性问题.

**问题三** 函数展开成幂级数的间接法的灵活运用.

**问题四** 以 $2\pi$ 为周期的函数展开成傅里叶级数的直接法的落实问题.

**问题五** 这一章内容体现的比较数学思想的领悟及迁移问题.

# 本章练习

本章练习讲解

1. 判断下列级数的敛散性.

(1) $\sum_{n=1}^{\infty} \dfrac{1}{n \cdot \sqrt[n]{n}}$;

(2) $\sum_{n=1}^{\infty} 3^n \sin \dfrac{2}{4^n}$;

(3) $\sum_{n=1}^{\infty} \dfrac{2^n \cdot n!}{n^n}$;

(4) $\sum_{n=1}^{\infty} \left(\dfrac{n+1}{n}\right)^3$.

2. 讨论下列级数的绝对收敛与条件收敛性.

(1) $\sum_{n=1}^{\infty} (-1)^{n+1} \dfrac{2^{n^2}}{n!}$;

(2) $\sum_{n=1}^{\infty} \dfrac{\sin n\pi}{2^n}$;

(3) $\sum_{n=2}^{\infty} (-1)^n \dfrac{\sqrt{n}}{n-1}$.

3. 求幂级数 $\sum_{n=2}^{\infty} \dfrac{3^n+(-2)^n}{n} x^n$ 的收敛域.

4. 已知幂级数 $\sum_{n=0}^{\infty} a_n(x+2)^n$ 在 $x=0$ 处收敛，在 $x=-4$ 处发散，求幂级数 $\sum_{n=0}^{\infty} a_n(x-3)^n$ 的收敛域.

5. 求 $\sum_{n=1}^{\infty} \dfrac{n}{2^n}$.

6. 设 $f(x)=x^2(0<x<1)$，而 $S(x)=\sum_{n=1}^{\infty} b_n \sin n\pi x, x \in (-\infty, +\infty)$，其中

$$b_n = 2\int_0^1 f(x)\sin n\pi x\mathrm{d}x, n = 1,2,3,\cdots$$

求 $S\left(-\frac{1}{2}\right)$.

7. 设正项数列 $\{a_n\}$ 单调减少,且 $\sum_{n=1}^{\infty}(-1)^n a_n$ 发散,试证 $\sum_{n=1}^{\infty}\left(\frac{1}{1+a_n}\right)^n$ 收敛.

8. 设 $f(x)$ 是周期为 $2\pi$ 的周期函数,它在 $[-\pi,\pi)$ 上的表达式为

$$f(x)=\begin{cases}-1, & -\pi\leqslant x<0\\ 1, & 0\leqslant x<\pi\end{cases}$$

(1) 求 $f(x)$ 的傅里叶级数;

(2) 证明 $\frac{4}{\pi}\sum_{k=1}^{\infty}\frac{1}{2k-1}\sin\frac{(2k-1)}{3}=1$.

# 本章自测

## 一、填空题

1. 部分和数列 $\{s_n\}$ 有界是正项级数 $\sum_{n=1}^{\infty}u_n$ 收敛的________条件.

2. 常数项级数 $\sum_{n=1}^{\infty}u_n$ 收敛的必要条件为________,其逆否命题为________,常用于________.

3. 若 $\sum_{n=1}^{\infty}u_n$ 收敛,则 $\sum_{n=1}^{\infty}(u_n+u_{n+1})$ 的敛散性为________; $\sum_{n=1}^{\infty}(-1)^n u_n$ 的敛散性为________; $\sum_{n=1}^{\infty}u_n^2$ 的敛散性为________.

4. 已知幂级数 $\sum_{n=1}^{\infty}a_n(x-3)^n$ 在 $x=1$ 处发散,在 $x=5$ 处收敛,则幂级数 $\sum_{n=1}^{\infty}a_n(x+2)^n$ 在 $x=-1$ 处的敛散性为________.

5. 设函数 $f(x)$ 在点 $x_0$ 的某邻域 $U(x_0)$ 内具有各阶导数,则 $f(x)$ 对应的泰勒级数为________;当________时,在该邻域内展开成该泰勒级数.

6. 设函数 $f(x)=\begin{cases}-1, & -\pi<x\leqslant 0\\ 1+x^2, & 0<x\leqslant\pi\end{cases}$,则以 $2\pi$ 为周期的傅里叶级数在点 $x=\pi$ 处收敛于________.

7. 幂级数 $\sum_{n=1}^{\infty}\frac{3^n+(-1)^n}{n}(x+1)^n$ 的收敛半径为________.

## 二、计算题

1. 判断下列级数的敛散性.

(1) $\sum_{n=1}^{\infty}\frac{n^n}{n!}$;

(2) $\sum_{n=1}^{\infty}\frac{n\cos^2\frac{n\pi}{3}}{2^n}$;

(3) $\sum_{n=1}^{\infty}\ln\left(1+\frac{1}{n}\right)$;

(4) $\sum_{n=1}^{\infty}\frac{2n^2+1}{3^n}$;

(5) $\sum_{n=1}^{\infty}\frac{a^n}{n^s}(a>0,s>0)$.

2. 讨论下列级数的绝对收敛与条件收敛性.

(1) $\sum_{n=1}^{\infty}(-1)^{n-1}\frac{n}{3^{n-1}}$;

(2) $\sum_{n=1}^{\infty}\frac{\sin\frac{n\pi}{3}}{n\sqrt{n}}$;

(3) $\sum_{n=1}^{\infty}(-1)^{n-1}\frac{1}{n^p}$.

3. 求下列幂级数的收敛域.

(1) $\sum_{n=1}^{\infty}\frac{3^n+5^n}{n}x^n$;

(2) $\sum_{n=1}^{\infty}\frac{x^{n^2}}{2^n}$.

4. 计算$\lim_{n\to\infty}\left(\frac{1}{2}+\frac{2}{2^2}+\frac{3}{2^3}+\cdots+\frac{n}{2^n}\right)$.

5. 将函数$f(x)=\frac{1}{x}$展开成$(x-3)$的幂级数,并求$f^{(2023)}(3)$.

6. 将函数$f(x)=\begin{cases}1, & 0\leqslant x\leqslant h\\ 0, & h\leqslant\pi\end{cases}$分别展开成正弦级数和余弦级数.

## 三、分析讨论题

判断级数$\sum_{n=1}^{\infty}\frac{1}{n^{1+1/n}}$的敛散性时,若取$p=1+\frac{1}{n}$,此时根据$p$-级数的性质,可知$p>1$,故级数$\sum_{n=1}^{\infty}\frac{1}{n^{1+1/n}}$收敛,请判断该做法是否正确,并给出理由.

## 四、证明题

1. 证明 $\sum\limits_{n=1}^{\infty}(-1)^{n-1}\dfrac{1}{3n-2}=\int_0^1\dfrac{1}{1+x^3}\mathrm{d}x$.

2. 设有周期函数

$$f(t)=\begin{cases}t, & 0\leqslant t<1\\0, & 1<t<2\end{cases}$$

$f(t)=f(t+2)$，利用 $f(t)$ 的傅里叶展开证明

$$1+\frac{1}{3^2}+\cdots+\frac{1}{(2n+1)^2}+\cdots=\frac{\pi^2}{8}$$

3. 设函数 $f(x)$ 在点 $x=0$ 的某一邻域内具有二阶连续导数，且 $\lim\limits_{x\to 0}\dfrac{f(x)}{x}=0$，证明级数 $\sum\limits_{n=1}^{\infty}f\left(\dfrac{1}{n}\right)$ 绝对收敛.

# 答案

## 一、填空题

1. 充要.

2. $\lim\limits_{n\to\infty}u_n=0$；若 $\lim\limits_{n\to\infty}u_n=0$ 不成立，则 $\sum\limits_{n=1}^{\infty}u_n$ 发散；判断级数发散.

3. 收敛，不一定，不一定. 提示：未说明是正项级数.

4. 收敛.

5. $\sum\limits_{n=0}^{\infty}\dfrac{1}{n!}f^{(n)}(x_0)(x-x_0)^n$，$\lim\limits_{n\to\infty}R_n(x)=0$.

6. $\dfrac{\pi^2}{2}$.

7. $\dfrac{1}{3}$.

## 二、计算题

1. (1) 发散；(2) 收敛；(3) 发散；(4) 收敛；(5) $a<1$ 时收敛，$a>1$ 时发散，$a=1$ 时，$s>1$ 收敛，$s\leqslant 1$ 发散.

2. (1) 绝对收敛；(2) 绝对收敛；(3) $p>1$ 时，级数绝对收敛，$0<p\leqslant 1$ 时，级数条件收敛，$p\leqslant 0$ 时，级数发散.

3. (1) $\left[-\dfrac{1}{5},\dfrac{1}{5}\right)$；(2) $[-1,1]$.

4. 2.

5. $\dfrac{1}{x}=\dfrac{1}{3}\sum\limits_{n=0}^{\infty}(-1)^n\dfrac{(x-3)^n}{3^n}$，$x\in(0,6)$；$-\dfrac{2\,023!}{3^{2\,024}}$.

6. $f(x)=\frac{2}{\pi}\sum_{n=1}^{\infty}\frac{1-\cos nh}{n}\sin nx, x\in(0,h)\cup(h,\pi]$;

$f(x)=\frac{h}{\pi}+\frac{2}{\pi}\sum_{n=1}^{\infty}\frac{\sin nh}{n}\cos nx, x\in(0,h)\cup(h,\pi]$.

三、分析讨论题

1. 错误,级数 $\sum_{n=1}^{\infty}\frac{1}{n^{1+1/n}}$ 发散; 提示:$\lim_{n\to\infty}\frac{\frac{1}{n\sqrt[n]{n}}}{\frac{1}{n}}=1$.

四、证明题

1. 提示:利用函数展开成幂级数 $\frac{1}{1+x^3}=\sum_{n=0}^{\infty}(-1)^n x^{3n}$.

2. 略.

3. 提示:利用麦克劳林展开与正项级数判别法;也可利用洛必达法则与正项级数判别法.

# 参 考 文 献

[1] 同济大学数学科学学院. 高等数学:上册[M]. 8版. 北京:高等教育出版社,2023.
[2] 同济大学数学科学学院. 高等数学:下册[M]. 8版. 北京:高等教育出版社,2023.
[3] 但琦. 高等数学军事应用案例[M]. 北京:国防工业出版社,2017.